文系でも思わずハマる

数学沼

鶴崎修功

マガジンハウス

本書では
〝面白くって役に立つ〟
「数学の世界」へ
みなさんを招待します。

よく「数学を勉強しても社会では何の役にも立たない」
なんて言われます。
でも、ほんとうはそんなことありません。

「世界は数学でできている」と
言ってもいいくらい、
私たちの仕事や生活を支えてくれているのです。

たとえば……

Ａ４のポスターをＡ３に拡大しよう。
「白銀比」だからデザインが崩れなくて便利だな。

今週の月曜日が桜の開花予想日なのか。
予測ができるのは「積分」のおかげだね。

「あの人はかっこいいから絶対恋人がいるよ」って発言は、
どこかおかしくないかな？
「対偶法」で考えてみよう。

このように、日常生活のさまざまな場面で
「数学」が使われていますし、
「数学的思考」を身につけていれば、
物事を論理的に考えることができます。

私は3歳の頃から、
数学や数字の「美しさ」「楽しさ」「深さ」に
魅了されてきて、
まさに「数学沼」にどっぷりハマってきました。

こんなに魅力的な「数学の世界」を
多くの人に知ってもらいたい！
そう思って、本書を執筆することにしました。

〝数学アレルギー〟のある文系の人にも
楽しんでもらえるよう、
難しい数式や計算は
なるべく使わないよう心がけています。

読み終えた頃には、きっと「世界の見え方」が
ちょっと変わっているはずです。

さあ、
一度ハマると抜け出せない
「数学沼」へようこそ！

Contents

文系でも
思わずハマる
数学沼

Chapter 1

身近に隠れる「数字」の秘密

Chapter

2

便利で仕方がない「数学的思考」

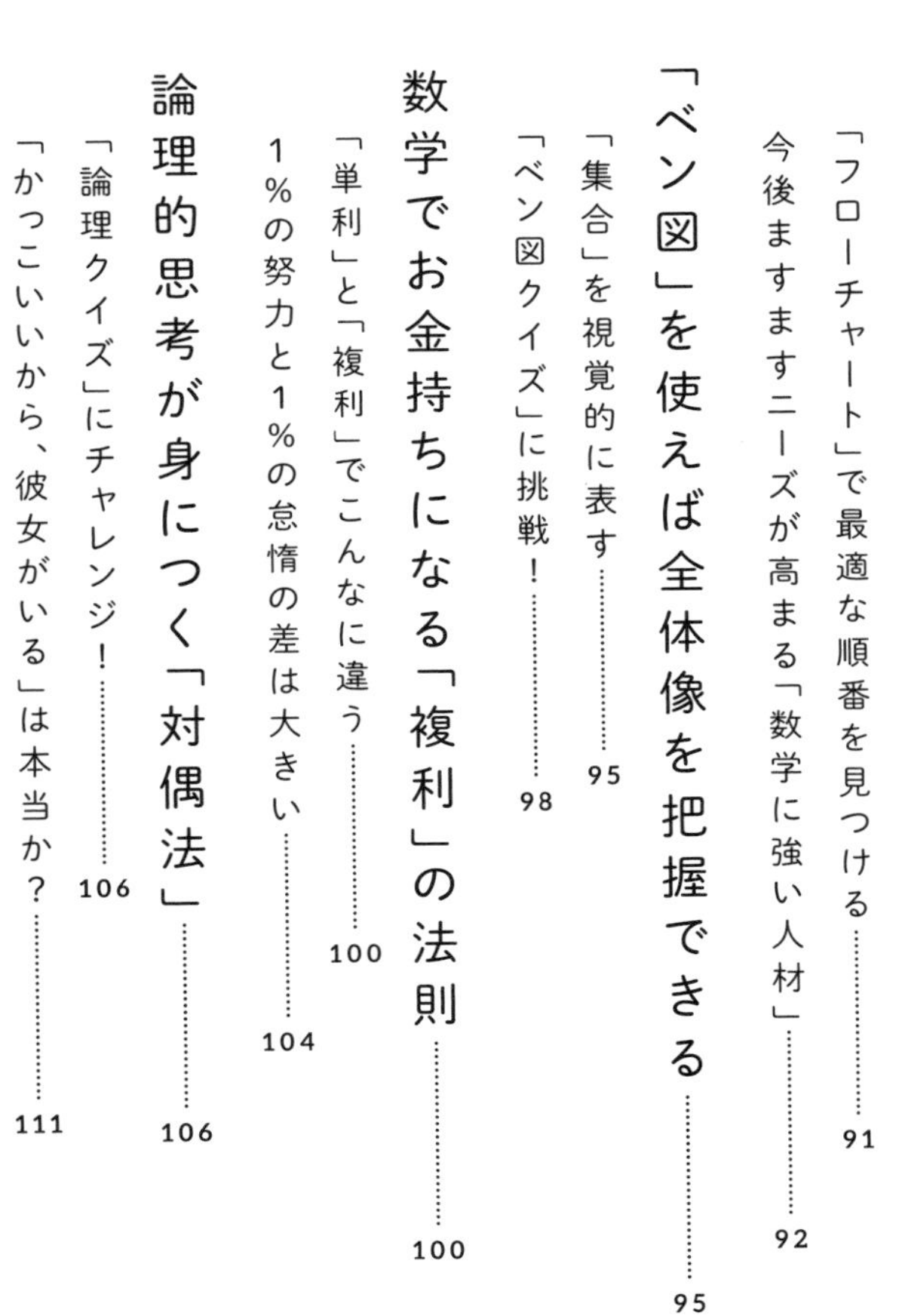

Chapter

3

世界は「数学」でできている

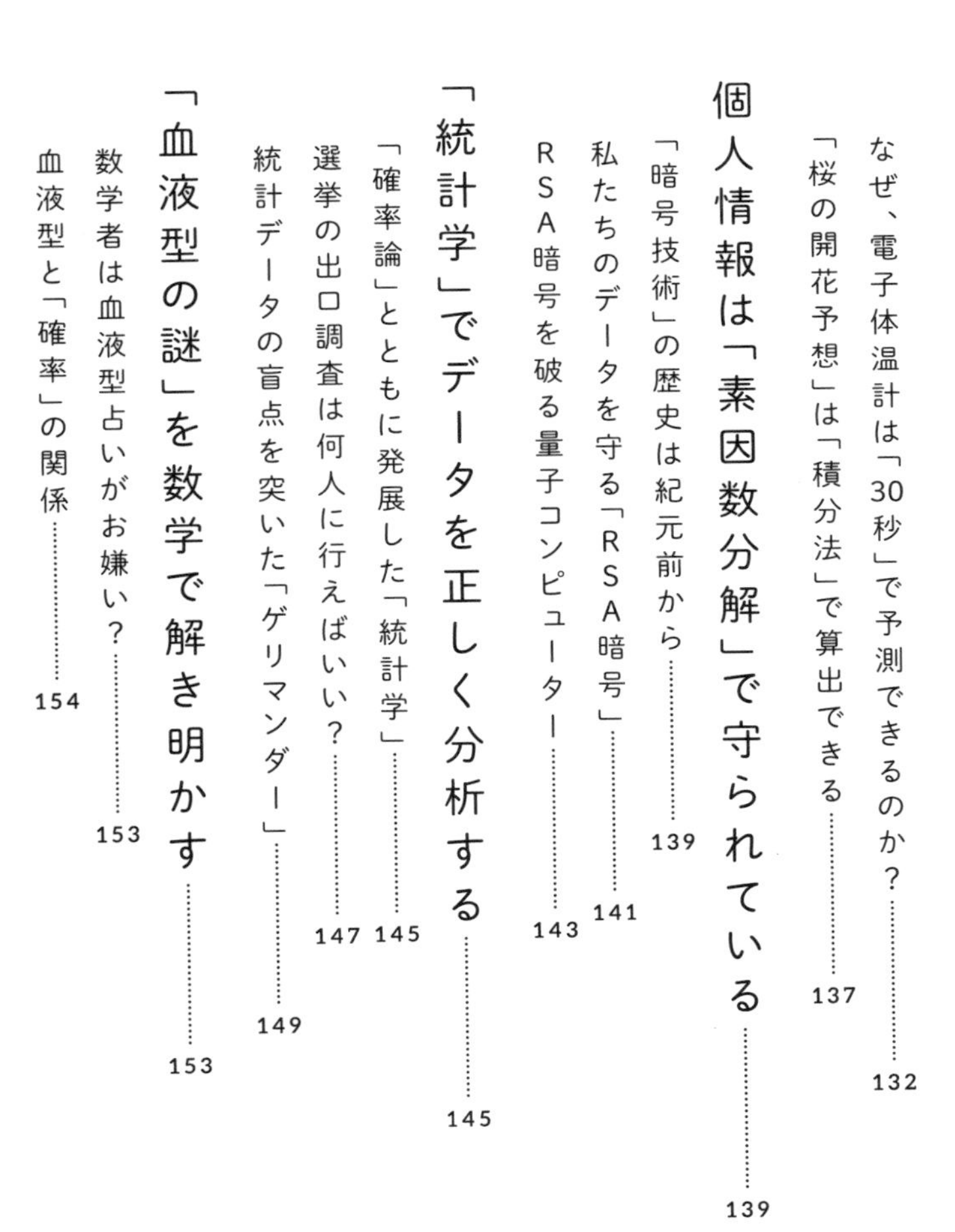

Chapter 4
天才？ 変人？「数学者たち」の話

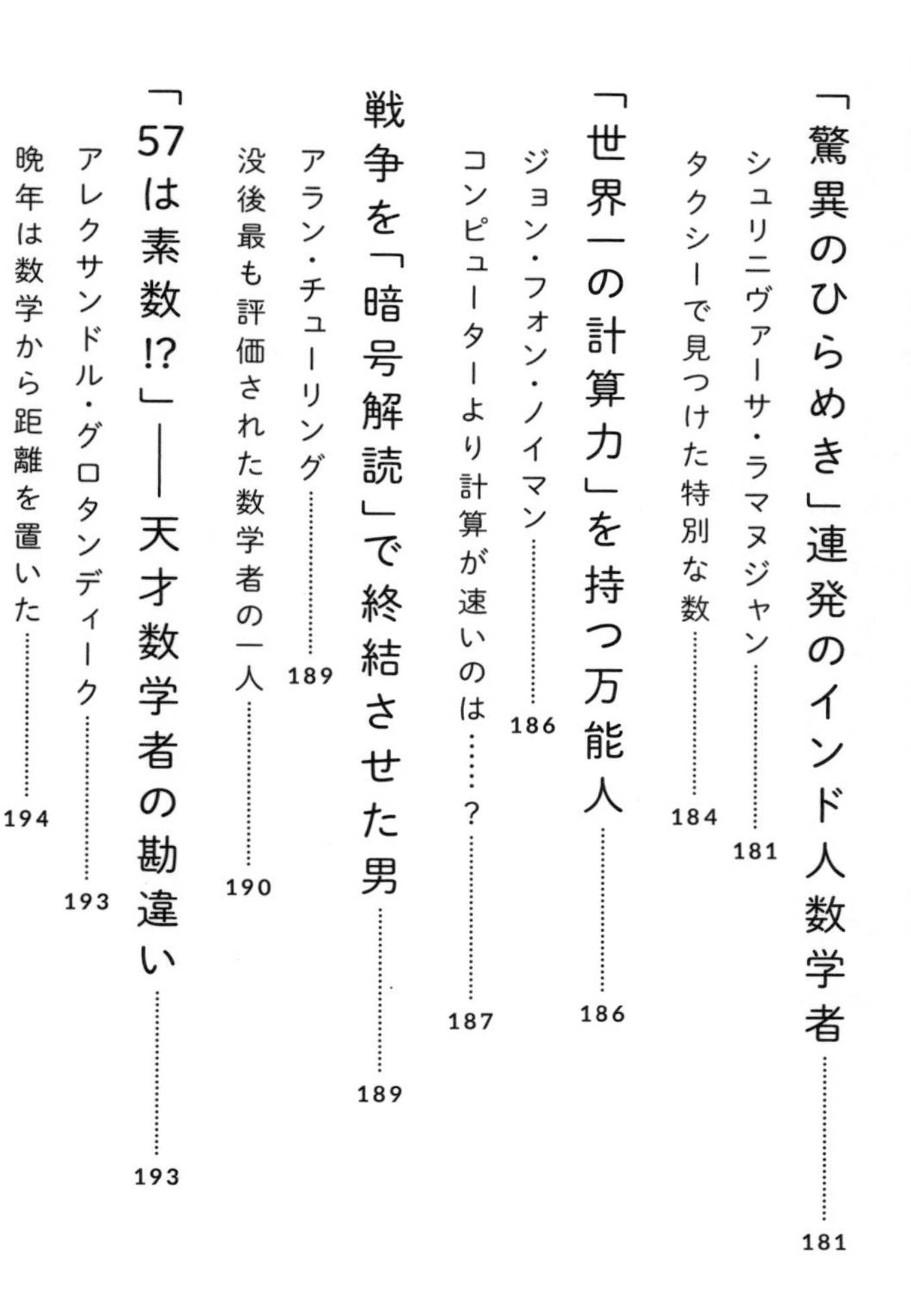

巻末付録

文系にも伝えたい「計算」の技術

はじめに――〝美しくて、楽しくて、深い〟数学の世界

はじめまして。みなさんを「数学沼」に誘う案内人を務める鶴崎修功（つるさきひさのり）と申します。私は２０２３年の３月に東京大学大学院数理科学研究科博士課程（長いですね！）を修了し、「数学」（数理科学）の博士号」を取得しました。でも、数学の研究者にはならず、在学時代も所属していた、東大発の知識集団「QuizKnock」で働くことにしました。

今後はQuizKnockのメンバーとして、「新たな知識を得る楽しさ」を知ってもらえるような活動をしていきますが、そのスタートとして、みなさんに「数学の面白さ」を伝える本を作りたい！　と思い、本書を執筆することにしました。**難しい数式や計算はなくし、1つひとつの項目を独立させることで、手軽に読める内容にしています。**

目次を見て、どこからでも気になるところから読んでみてください。学生時代、数学

に苦手意識を持っていた文系の人も楽しめる一冊になっていますよ！

本書では大きく分けて、3つの視点から、「数学の世界」を紹介していきます。

まずは、**「数学って面白い！」**です。私が「数学沼」にハマったきっかけでもありますが、**数学や数字にまつわるエピソードはどれも興味深いものばかり**です。

たとえば、松ぼっくりやミロのヴィーナスに共通して表れる「美しさを示す比率」など、私たちの身の回りにはさまざまな「数字の秘密」が隠されています。また、私たちは「万」や「兆」といった単位を使って大きな数を表していますが、もっともっと大きな単位には「不可説不可説転」などという、一見冗談みたいなものもあります。1章では、そうした「数字」にまつわる面白い話を紹介します。

2つ目は、**「数学って役に立つ！」**です。**数学的な考え方を知っておくと、仕事や日常生活でちょっとした武器として使うことができます。**たくさんのものを漏れなく数えるための「1対1対応」や、料理や仕事のプロセスを効率的にする「フローチャート」など、知っておくと便利な考え方がいろいろあります。2章では、そうした数学的知見をベースにした思考法をまとめました。

3つ目は、**「世界は数学でできている!」**です。実は、**数学がなくては私たちの生活は成り立ちません。**インターネット上でやり取りされているデータは「素因数分解」で守られていたり、桜の開花予想には「微分積分」の「積分法」が使われていたりなど、世の中のありとあらゆるものに数学が関わっているのです。3章では、そんな数学と世界の「意外なつながり」を解き明かしています。

加えて4章では、現在にも残る業績をあげた数学者たちについて、また、彼らの天才、変人っぷりを表すエピソードを紹介しています。どこかとっつきにくい天才数学者たちのことを身近に感じてほしいと思います。

そして、巻末では、計算のスピードが上がるちょっとしたテクニックを紹介しています。明日から取り入れられる手軽な方法ばかりなのでぜひ試してみてください。

私は冒頭でも述べたように、3歳くらいの頃から「数学沼」にハマっていました。まずは「数字そのもの」にハマり、母の持っていたパズル雑誌の答えをひたすら写したりしていました。学校に通うようになってからは、「答えは1つでも、その道筋は無数にある」という、算数や数学が持つ「自由さ」に惹かれてきました。

その自由さが象徴しているように、「数学の世界」はどこまでも広く、制約のない、面白い空間です。つまり、「数学沼」は一度ハマったら抜け出せないほど深みがある、魅力溢れる場所なのです。

本書をきっかけに、1人でも多くの人が「数学沼」にハマってくれ、さらに「学ぶ楽しさ」を知ってくれたら、こんなにうれしいことはありません。

鶴崎修功

Chapter

1

身近に隠れる「数字」の秘密

美しさは「数字」で表せる

古代から数学者を魅了してきた「黄金比」

鳥取砂丘で一面に広がる砂浜を見ているとき、砂の美術館で精緻につくられた砂の彫刻作品に出合ったとき、中国地方最高峰の大山（だいせん）の頂上から、眼下に広がる雄大な自然を眺めているとき……私たちは「美しい」と感じます。

目の前にあるものや風景の「何か」が感性に訴えかけているわけですが、この「何か」を数学的に説明できる場合があります。**「数学」と「美しさ」には意外な結びつきが隠されている**のです。みなさんは「黄金比」をご存じでしょうか。**黄金比は、「人間が根源的に美しいと感じる比率」**だと言われています。

この比率は図形や自然界においてふいに現れるため、古代から数学者たちを魅了し

美しさを感じる比率「黄金比」

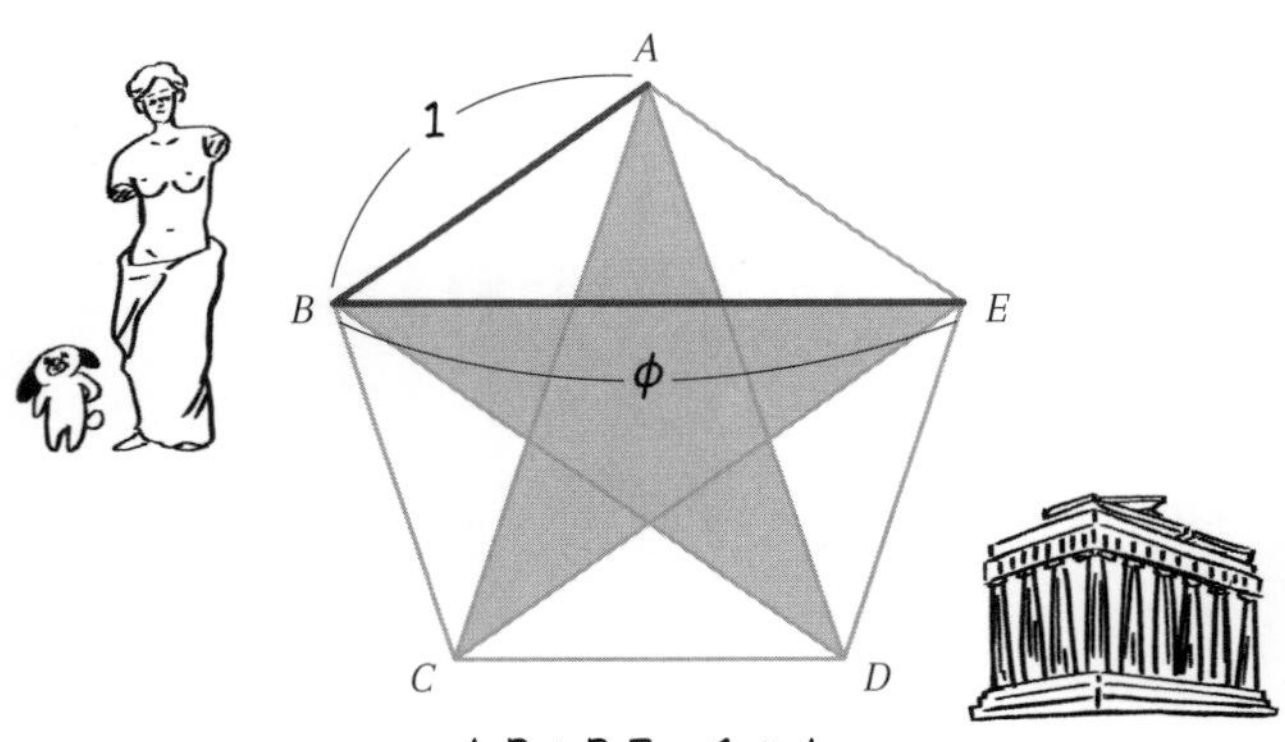

AB：BE＝1：ϕ
「正五角形の1辺：対角線」は黄金比

てきました。黄金比は整数に換算すると約5：8になります。具体的な数字で表すと、「1：1.6180339887……」という比率で、1.6180339887……は「$\frac{1+\sqrt{5}}{2}$」という小数点以下の数字が循環することなく無限に続く「無理数」です。この数は「黄金数」と呼ばれ、ギリシャ文字のφ（ファイ）で表されます。つまり、$\phi=\frac{1+\sqrt{5}}{2}$です。

ギリシャの哲学者で数学者でもあったピタゴラス（紀元前582頃〜紀元前496頃）が作った宗教学派であるピタゴラス教団は、教団のシンボルとして「五芒星（ごぼうせい）」を掲げていました。五芒星とは、正五角形の対角線で形作られる星形のことで、この正五角形の1辺を1とすると、対角線の長さは黄金数φになります。つまり、正五角形の辺と対角線の長さの比は黄金比になっているのです。

「ミロのヴィーナス」はなぜ美しいのか？

黄金比が現れているものとして有名なのは、ギリシャの「パルテノン神殿」や「ミロのヴィーナス」です。

パルテノン神殿は、横と縦の比率が黄金比になっていると言われています。また、ミロのヴィーナスは、足元から頭頂部までの長さと足元からおへそまでの長さの比、また、おへそから頭頂部までの長さとおへそから顎の下までの長さの比が、φ：1という黄金比になっていると言われています。ただこれは、実は「長方形の縦の長さと横の長さの比が黄金比になるとき、人は美しいと感じる」という説から来たものであり、パルテノン神殿やミロのヴィーナスに隠された黄金比は、いわば後付けだとも言われています。とはいえ、特にヨーロッパでは古くから、縦と横の長さの比が黄金比となっている長方形は最も美しいと考えられていて、パリの凱旋門やレオナルド・ダヴィンチの「モナ・リザの微笑」など、建造物や芸術作品に多く取り入れられてきたことは事実のようです。

黄金比と「フィボナッチ数列」の不思議なつながり

黄金比は自然界とも密接に関係しています。黄金比と関係が深い「フィボナッチ数列」が自然界でよく現れるのです。

まず、フィボナッチ数列について説明しましょう。フィボナッチ数列とは「1、1、2、3、5、8、13、21……」のように、1と1で始まり、前の2項を足すと次の項になるという単純なルールに基づいて作られる数列のことです。

その名は、イタリアの数学者レオナルド・フィボナッチ（1170頃〜1250頃）に由来します。フィボナッチは「ウサギの増え方」を観察し、この数列を見つけたと言われています。

実際、黄金比とフィボナッチ数列はどのように結びついているのでしょうか。ここで、フィボナッチ数列を縦に並べて、上下に並んだ数字の比を見ていくことにしましょう（左ページの図）。1÷1＝1、2÷1＝2、3÷2＝1.5、5÷3＝1.666、8÷5＝1.6……といった具合に計算していくと、ある数にだんだん近づいていくことが確かめられます。その数こそが、1・618033……すなわち黄金数 φ なのです。

自然界に現れる黄金数やフィボナッチ数の代表例としては、パイナップルや松ぼっくり、ひまわりなどがあります。たとえば、松ぼっくりを根元から見て、松かさの並びの渦の本数を数えると、時計回りで13本、反時計回りで8本になり、8と13というフィボナッチ数が現れていることがわかります。

私たちが美しいと感じる黄金比に関係した数字がどうして自然界にたくさん溢れているのか……？　世界と数学の不思議なつながりにロマンを感じてしまいます。

日本で愛されてきた「白銀比」

先ほど、黄金比は古くからヨーロッパで愛されてきたという話をしましたが、日本でも古くから愛されたものとして「白銀比」があります。白銀比とは「1：$\sqrt{2}$」と

フィボナッチ数列

フィボナッチ数列と黄金数

1,1,2,3,5,8,13…1597,2584

1÷1=1
2÷1=2
3÷2=1.5
5÷3=1.666…
8÷5=1.6
13÷8=1.625
⋮
2584÷1597=1.618033…

フィボナッチ数列の隣同士の数の比は「黄金比」に近づく

自然界に現れるフィボナッチ数列

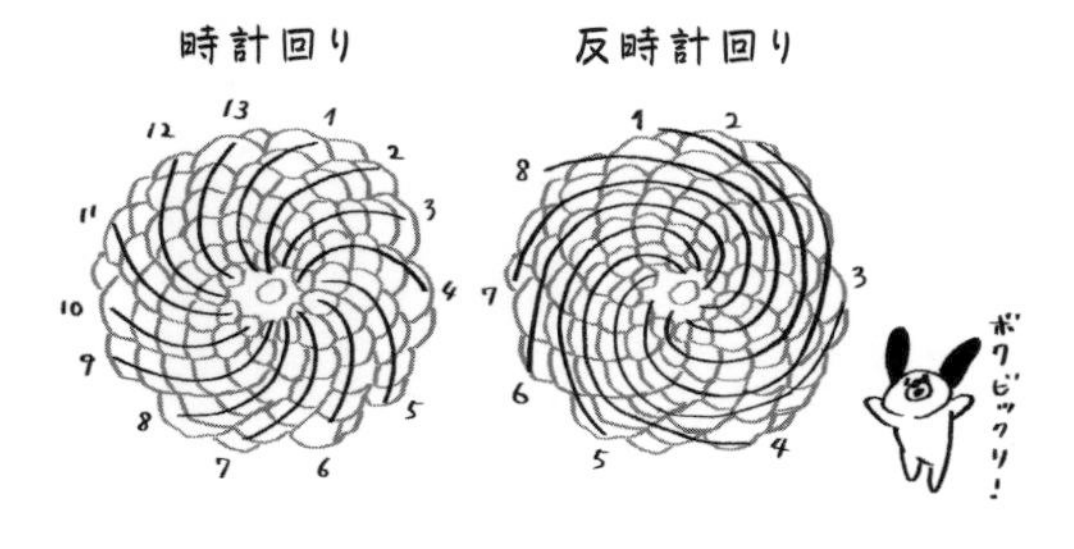

いう比率のことです。整数に換算すると約5：7になります。$\sqrt{2}$とは、1辺の長さが1の正方形の対角線の長さであり、短辺の長さが1の直角二等辺三角形の斜辺の長さという言い方もできます。

白銀比は大工の間で「神の比率」とされ、法隆寺の五重塔や伊勢神宮などの建造物に多く取り入れられてきました。そのため、「大和比（やまとひ）」とも呼ばれています。

私自身は、黄金比よりも白銀比のほうが好きです。なぜかと言うと、見た目が美しいことに加え、高い機能性を持っているからです。

実は、**私たちに馴染み深い用紙のサイズを表すA判、B判の縦の長さと横の長さの比率は、白銀比になっています。**江戸時代後期に活躍した洒落本（しゃれぼん）作家の大田南畝（おおたなんぽ）は、自著『半日閑話（はんにちかんわ）』の中で、「日本の紙の規格は白銀比にすべきだ」と述べています。

白銀比には、元の大きさが2分の1、4分の1、8分の1……となっても、常に縦の長さと横の長さの比率が、同じ白銀比になるという便利な特徴があります。たとえば、コピー機で2倍に拡大、2分の1に縮小したりしても、同じ比率になるので、元のデザインが崩れません。このような特徴を持つものは、白銀比以外にありません。

日本が用紙のサイズの規格を定めたのは１９２９年のことでした。諸外国の例を調

美しさと便利さを兼ね備えた「白銀比」

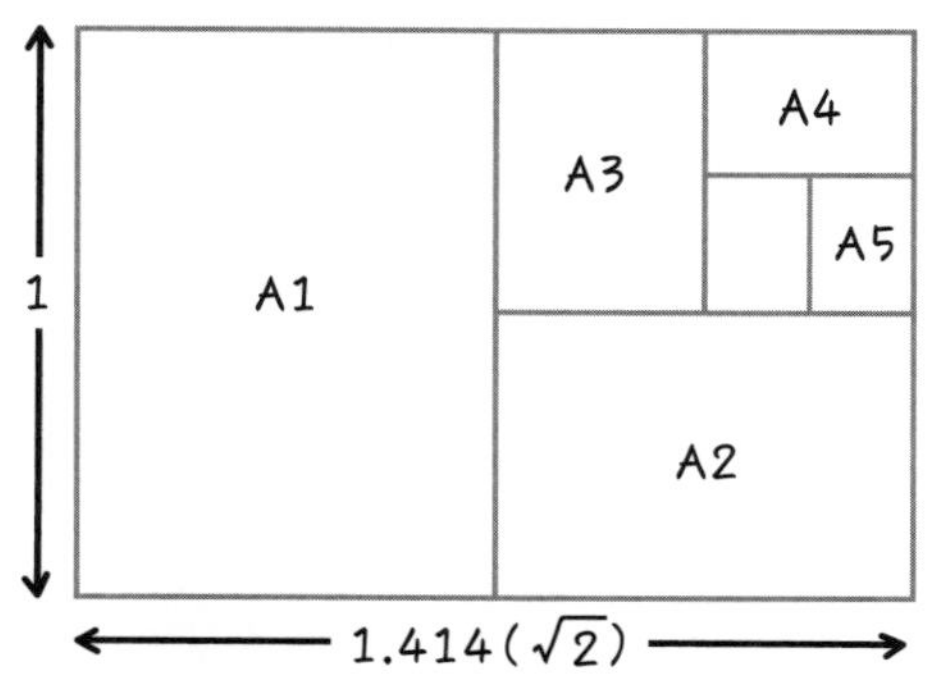

大きさを半分にしていっても、
白銀比が維持される性質を持つ

査した結果、白銀比と合致する用紙のサイズを採用しているドイツ方式のＡ判と、江戸時代の公用紙である「美濃判（みのばん）」をもとに定めたＢ判を採用し、この白銀比の２判を日本の紙の標準規格に定めたのです。

上の図のように、現在、Ａ０判の半分の大きさがＡ１判、Ａ１判の半分の大きさがＡ２判、Ａ２判の半分の大きさがＡ３判……といった具合に定められています。Ｂ判も同様です。ちなみにＢ判はＡ判の１・５倍の面積になっています。

このように、紙の大きさをどんどん半分にしていっても、白銀比が維持されるので、紙の製造工程において無駄な部分が出ることがなく合理的です。これが、私が「高い機能性を持っている」と言った理由です。

「シンプルさ」と「意外性」に惹かれる

ここまで、黄金比や白銀比を例にとって、数学と美しさの関係を見てきました。そこから少し角度を変えて、「数学そのものの美しさ」について、私の考えを伝えたいと思います。

たとえば、私が美しいと感じる数学の定理に「ピタゴラスの定理」があります。直角三角形の斜辺の長さをc、他の2辺の長さをa、bとすると「$a^2+b^2=c^2$」であるという定理で、「三平方の定理」とも呼ばれます。この定理は有名なので、読者のみなさんの多くがご存じかと思いますが、私は**ピタゴラスの定理の「シンプルさ」と「意外性」に美しさを感じます。**シンプルさについてはみなさんも同意してくれるかと思いますが、「意外性」については少し説明が必要かもしれません。

直角三角形の2辺をそれぞれ2乗して足したら、その値が斜辺の2乗と同じ値になっているなんて、誰も想像しませんよね。ピタゴラスはどうして、辺の長さを2乗しようと思ったのかなど、考え出すと不思議でなりません。このように、**「なんでそうなるのか」がすぐにわからない定理や性質に出会ったとき、私はある種の美しさを感じる**のです。

ピタゴラスは紀元前5世紀頃を生きた古代ギリシャの人物ですが、実は、ピタゴラスの定理を発見したのは、ピタゴラスが初めてではありません。紀元前2000年頃から数百年にわたって栄えた古代バビロニア（現在のイラク）の遺跡で見つかった粘土板には、すでにピタゴラスの定理を使って、土地の測量を行っていた痕跡が見られるといいます。ピタゴラスの定理には、シンプルな美しさがあるのと同時に、土地の測量や建造物の設計など実にさまざまな場面で使われており、機能性の高さも際立っています。白銀比もそうですが、私はどうやら、美しさに加えて、機能性や利便性といった実用性を兼ね備えたものに惹かれるようです。

このように、学校で習う定理や、街中で目にする建物など、身近なところにも数学の美しさは隠れているのです。

大きすぎる数のロマン

日常で出合う機会はないけれど……

ここで伝えたいことを一言で言うと、**「大きな数はかっこいい!」**――これにつきます。子どもはなぜか大きな数が好きですよね。小学生のときは「このカードのほうが1億万倍強いよ!」などと、過剰なほど大きな数を使っている人がたくさんいました。そんな子ども時代を思い返しながら、「大きな数」についての話をしていきます。

みなさんは「無量大数(むりょうたいすう)」をご存じでしょうか。私たちは日常生活の中で数を表すとき、一、十、百、千、万、億、兆……といった単位を使います。日本のような漢字文化圏では、数の単位は、万より上は4桁ごとに変わっていきます。このような数の単位は、全部で21個(40ページの図)ありますが、その中で、最も大きな数の単位が、無量大数です。指数を使って表すと10の68乗となります。無量大数という名前は、仏教用語に由来していて、銀河系に含まれる原子の総数が無量大数に近いと考えられています。

また、16個目までは漢字1文字ですが、17個目からは漢字3文字、そして、20個目と21個目は漢字4文字になります。たとえば、17個目は「恒河沙」という単位ですが、この意味は、「ガンジス川の砂の数」だそうです。19番目の「那由他」はゲームアプリ『モンスターストライク』など、いろいろなアニメやゲームのキャラクターの名前として出てくるので、知っている人もいるのではないでしょうか。

大きな数が大好きだった私は21個の数の単位を子どもの頃に覚えたので、今でも全部諳んじることができます。とはいえ、無量大数のような大きな数を日常生活の中で使うことはまずありません。そのため、せっかく覚えたにもかかわらず、この知識を発揮できる場はクイズ番組くらいです。

ところで、仏典の「華厳経」には、無量大数とは比べものにならないくらい大きな数が登場します。「不可説不可説転」です。1不可説不可説転は10の37218383881977644441306597687849648128乗で、10の肩に

数の単位

一（いち）	10^0	1
十（じゅう）	10^1	10
百（ひゃく）	10^2	100
千（せん）	10^3	1,000
万（まん）	10^4	10,000
億（おく）	10^8	100,000,000
兆（ちょう）	10^{12}	1,000,000,000,000
京（けい）	10^{16}	10,000,000,000,000,000
垓（がい）	10^{20}	100,000,000,000,000,000,000
秭（じょ）	10^{24}	1,000,000,000,000,000,000,000,000
穣（じょう）	10^{28}	10,000,000,000,000,000,000,000,000,000
溝（こう）	10^{32}	100,000,000,000,000,000,000,000,000,000,000
澗（かん）	10^{36}	1,000,000,000,000,000,000,000,000,000,000,000,000
正（せい）	10^{40}	10,000,000,000,000,000,000,000,000,000,000,000,000,000
載（さい）	10^{44}	100,000,000,000,000,000,000,000,000,000,000,000,000,000,000
極（ごく）	10^{48}	1,000,000,000,000,000,000,000,000,000,000,000,000,000,000,000,000
恒河沙（ごうがしゃ）	10^{52}	10,000,000,000,000,000,000,000,000,000,000,000,000,000,000,000,000,000
阿僧祇（あそうぎ）	10^{56}	100,000,000,000,000,000,000,000,000,000,000,000,000,000,000,000,000,000,000
那由他（なゆた）	10^{60}	1,000,000,000,000,000,000,000,000,000,000,000,000,000,000,000,000,000,000,000,000
不可思議（ふかしぎ）	10^{64}	10,000,000,000,000,000,000,000,000,000,000,000,000,000,000,000,000,000,000,000,000,000
無量大数（むりょうたいすう）	10^{68}	100,000,000,000,000,000,000,000,000,000,000,000,000,000,000,000,000,000,000,000,000,000,000

のっている指数がなんと38桁もあります。仏典に現れる数を表す言葉としては、最大のものとされているそうです。

「こんな数字に出合う機会は一生ないよ」と思うかもしれませんが、実は、私が所属しているクイズノックの動画に不可説不可説転が登場しています。「一番大きな得点を取った人が勝ち」という企画で、ふくらPというメンバーが1不可説不可説転点を取って優勝したのです。**正解すると1不可説不可説転点が入るクイズアプリを自分で開発する**という半端なく労力のかかる方法だったのですが……大きな数字に対する知識と情熱に驚かされます。

「メガ盛り」の次が「ギガ盛り」の理由

一方で、役に立つ「大きな数」もあります。国際度量衡総会（CGPM）によって、国際単位系（SI）の構成要素として、「SI接頭辞」というものが定められています。たとえば、スマートフォンなどを利用する際、データ通信量として、「メガバイト」や「ギガバイト」といった言葉をよく耳にするかと思います。この「メガ」や「ギガ」

こそがＳＩ接頭辞です。メガは10の６乗を、ギガは10の９乗を表しています。牛丼などで「メガ盛り」のさらに上をいくのを「ギガ盛り」としている店は、そういった理由からなのです。とはいえ、本当ならば、メガは10の６乗倍、ギガはメガのさらに１０００倍なので、メガ盛りもギガ盛りも定義通りだと、頼んだことを後悔しそうです。
また、「マイクロ」や「ナノ」といった言葉もよく耳にするのではないでしょうか。これもＳＩ接頭辞で、メガやギガが大きな数を表していたのに対し、マイクロは10の−6乗を、ナノは10の−9乗という小さな数を表しています。

このように、ＳＩ接頭辞とは、大きな数や小さな数を扱いやすくするための言葉で、２０２２年10月までは、20個のＳＩ接頭辞が定められていました。しかし、２０２２年11月、約30年以上ぶりにＳＩ接頭辞が４個追加され、全部で24個になりました。それだけ**人類が扱う数の幅がどんどん広がってきている**ということなのでしょう。

グーグルの名前の由来とは？

ＳＩ接頭辞では、最も大きな数の単位は10の30乗を表す「クエタ（Ｑ）」になりますが、1920年に、さらに大きな数の単位を考えた人がいました。アメリカの数学者エドワード・カスナー（1878〜1955）による「グーゴル（googol）」です。1グーゴルは10の100乗です。グーゴルという名前の名づけ親は、カスナーの9歳の甥だそうです。今や「グーゴル」と聞いて、誰もが検索エンジンのグーグル（Google）を連想することでしょう。実際、**グーゴルはグーグルの名前の由来となっている**のです。

また、カスナーは、さらに大きな数の単位「グーゴルプレックス（googolplex）」も考えました。1グーゴルプレックスは10の1グーゴル乗です。

ちなみに、Google本社は「グーグルプレックス（Googleplex）」という愛称で呼ばれています。これは、もちろんグーゴルプレックスに由来しています。このように、指数表記を重ねることで、とてつもなく大きな巨大な数を表すことができるのです。

ギネス認定の「巨大すぎる数」

さて、最後にもう1つ、巨大な数を紹介しましょう。みなさんは「グラハム数」という数を聞いたことはありますか？　これはギネスブックに載っている「証明に使われた中で最も大きな数」です。１９７０年に、アメリカの数学者ロナルド・グラハム（１９３５〜２０２０）とブルース・ロスチャイルド（１９４１〜）が、「ラムゼー理論」と呼ばれる理論に関する未解決問題（「グラハム問題」）を解く際に導入した自然数で、「この問題の答えは、グラハム数より小さい」として導入されました。現在、この問題に解が存在することは明らかとなっていますが、その具体的な値は未解決のまま、わかっていません。グラハム数は極めて巨大な自然数であり、指数表記は事実上、不可能であることから、特別な表記法を用いて表されます。

さらに、グラハム数を超える巨大数がいくつも考案されていますので、興味のある人はインターネットなどで検索してみるとよいでしょう。きっと面白い発見に出合えることでしょう。

大きな数について思う存分語ることができてとても満足です。さらなる巨大数の世界をのぞきたい人は、『寿司虚空編』（三才ブックス）という漫画をおすすめします。

「面積」と「体積」の直感に反する関係

1辺の長さが2倍になると、体積は8倍にも！

よく、コンビニエンスストアやスーパーマーケットの食品コーナーに行くと、「10％増量」などといった表示がされている商品に出くわすことがありますよね。でも、ぱっと見は、増量前と全然変わらないように感じる人も多いのではないでしょうか。その理由について解説しましょう。

みなさんは、数学の授業で、「相似」を習いますよね。相似とは、図形において形を変えることなく、大きさを拡大・縮小したもののことを言います。

このときたとえば、図形の1辺の長さを2倍、つまり、長さの「相似比」を1：2にすると、面積は1^2：2^2＝1：4になります。さらに、立体の場合、体積は1^3：2^3＝1：8になります。**1辺の長さが2倍になるだけで、体積はなんと8倍にもなる**のです。

「10％増量」が見た目でわからないワケ

私は、このことが、「10％増量」に対して、みんなが疑問を持つ最大の要因だと思っています。

たとえば、1辺の長さが10㎝で、立方体の形をした豆腐を「10％増量」させて、見た目の大きさがどのくらい変わるかを見てみましょう。もともとの豆腐の体積は10の3乗で1000㎤なので、10％増量させると、1100㎤になります。体積が1100㎤の立方体豆腐の1辺の長さを求めるには「$x^3=1100$」を解けばいいので「$x≒10.3$」となります。つまり、10％増量した豆腐の1辺の長さはたった3㎜しか増えていないのです。

次に、面積を計算してみましょう。「$(10.3)^2≒107$」となるので、10％増量した豆腐の面積は約6㎠しか増えていない計算です。

このように、**長さや面積に換算すると微々たるものなので、見た目には違いを判断**

面積と体積の意外な関係

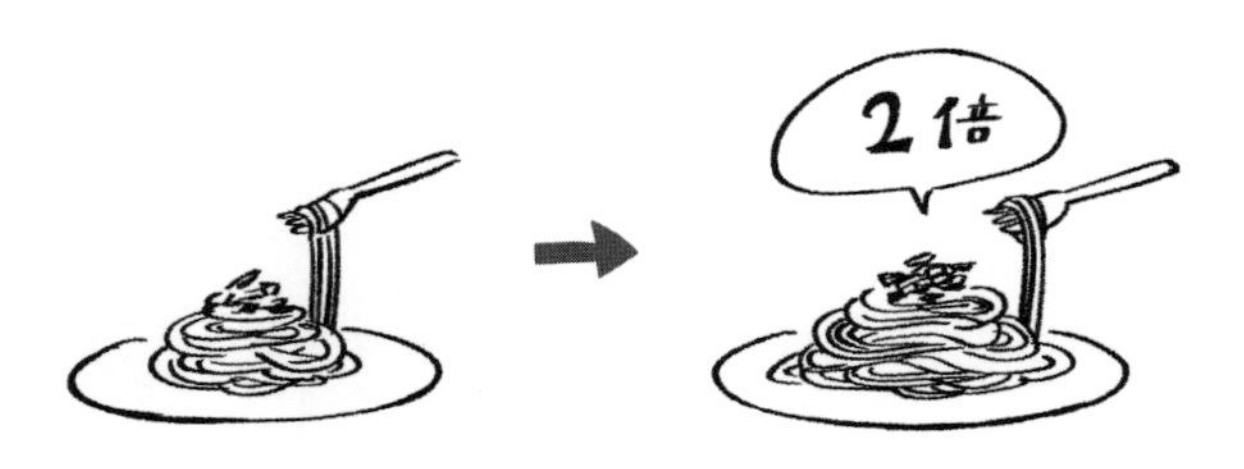

見た目の面積が2倍
になると、
体積は2.8倍にも
なってしまう

することがほとんどできないというわけなのです。

「10％増量」と銘打った商品に対して「ほとんど見た目が変わらない！　メーカーは嘘をついているんじゃないか」と文句を言いたくなることもあるかもしれません。しかしその場合、メーカーはきちんと商品の増量をしていて、それが見た目に表れていないだけの可能性が高いのです。

「食べ放題」では要注意

一方でたとえば、「食べ放題」の店に行ったとします。

そのとき、お腹がペコペコだからといっ

て欲張って大盛りにして、食べ切れず残してしまったという経験がある人も少なくないのではないでしょうか。これも同じ理由です。**見た目の面積が2倍といった場合、体積に換算すると約2・8倍になってしまう**わけです。そのため、「食べても食べてもなくならない」といった感覚に陥ってしまうのです。

ですから、食べ放題のときには、見た目と実際とのギャップを考えて、お皿には若干少なめに盛るようにするといいでしょう。

「大きな無限」「小さな無限」がある

ひと切れのリンゴが1個のリンゴと同じ大きさ？

映画になった『鬼滅の刃』の「無限列車編」や「無限キャベツのもと」など、タイトルや商品名にはよく「無限」が使われます。これらは「限りのないほどたくさん」という意味で使われていますが、私たち数学者は「無限」という言葉を聞くと、「大きな無限か？　小さな無限か？」が気になります。実は**無限にはいくつもの種類があるの**です。

無限の種類について説明する前に、まずは無限という概念に立ち向かった人類の歴史を見ていきましょう。

ピタゴラスや、古代ギリシャ時代を代表する哲学者のプラトン（紀元前４２７〜紀元前347）は、この世は「有限」であると考え、無限を忌み嫌っていたそうです。その後も、数学の分野において、無限は嫌われ続けました。現在、中学校の数学の授業では、無限を「∞」という記号で表すことを習いますし、「無限級数」や「微分積分」において、無限は欠かせない概念です。そんな私たちからすれば、実に驚くべきことなのですが、**4000年以上におよぶ数学の歴史において、無限が真剣に扱われるようになり、無限という概念が確立されたのは、ほんの150年前の1800年代後半のことなのです。**これは、数学の世界で無限を扱うことが、いかに高いハードルであったかを物語っています。

無限という概念を捉える大きなきっかけを作ったのが、イタリアの科学者ガリレオ・ガリレイ（1564～1642）でした。ある日ガリレオは、自然数（1から始まる正の整数）の個数と、平方数（自然数を2乗した数）の個数が「1対1で対応していること」に気づきました。

自然数を集めた集合をA、平方数を集めた集合をBとしたとき、集合Aと集合Bは、どちらのほうが多くの要素を持っているでしょうか。有限の世界の感覚で考えれば、誰もが集合Aだと思うことでしょう。なぜなら、集合Aは、1、2、3、4…とすべての自然数が含まれているのに対し、集合Bは、1、4、9、16…と、集合Aとは異なり、含まれている自然数は飛び飛びだからです。ところが驚くべきことに、集合Aと集合Bの要素の数は「同じ」です。なぜなら、**自然数を集めた集合と平方数を集めた集合は「1対1対応」しているから**です（53ページの図）。

これは、現在では、「ガリレオのパラドックス」と呼ばれています。パラドックスとは、一見正しそうに思える前提から、とても納得できない結論に行き着いてしまうことを言います。

では、ガリレオの気づきのどこが、パラドックスなのでしょうか。実は、古代ギリシャの哲学者で数学者のユークリッド（紀元前300頃～紀元前275頃）が考えた「公理」（公理とは、他の理論の出発点になるような、基礎的な命題のこと）の1つに、「全体は部分よりも大きい」というものがあります。この公理に対して、「何を当たり前のことを言っているのだろうか」と思う人も多いことでしょう。たとえば、1個のリンゴを切り分けたとき、そのひと切れのリンゴが元の1個のリンゴよりも大きいなどといったことはありませんからね。

ここで、ガリレオのパラドックスを思い出してみてください。自然数を全体とした場合、自然数を2乗した平方数は自然数の一部にすぎません。一方で、**自然数の個数と平方数の個数が1対1に対応しているということは、「個数が同じ」ということを意味しています**。つまり、全体と部分が同じ個数であり、「これは、ユークリッドの公理と矛盾している」とガリレオは考えたのです。

ガリレオは、著書『新科学対話』の中で、この話題について触れています。そして、このパラドックスの原因について、「これは、有限と無限の違いによるものだ」と指摘しています。これこそが、人類が初めて無限という概念の本質を捉えたものだったといわれています。

無限に「濃度」があることを示したカントール

その後、偉大なドイツの数学者として名高いカール・フリードリヒ・ガウス（1777〜1855）でさえも、無限を数のように捉えるとさまざまな不合理が生じるとして嫌い、扱おうとはしませんでした。このような中、無限というものに真っ向から向き合おうという数学者が現れました。ロシア生まれのドイツの数学者ゲオルク・カ

自然数と平方数、多いのはどっち？

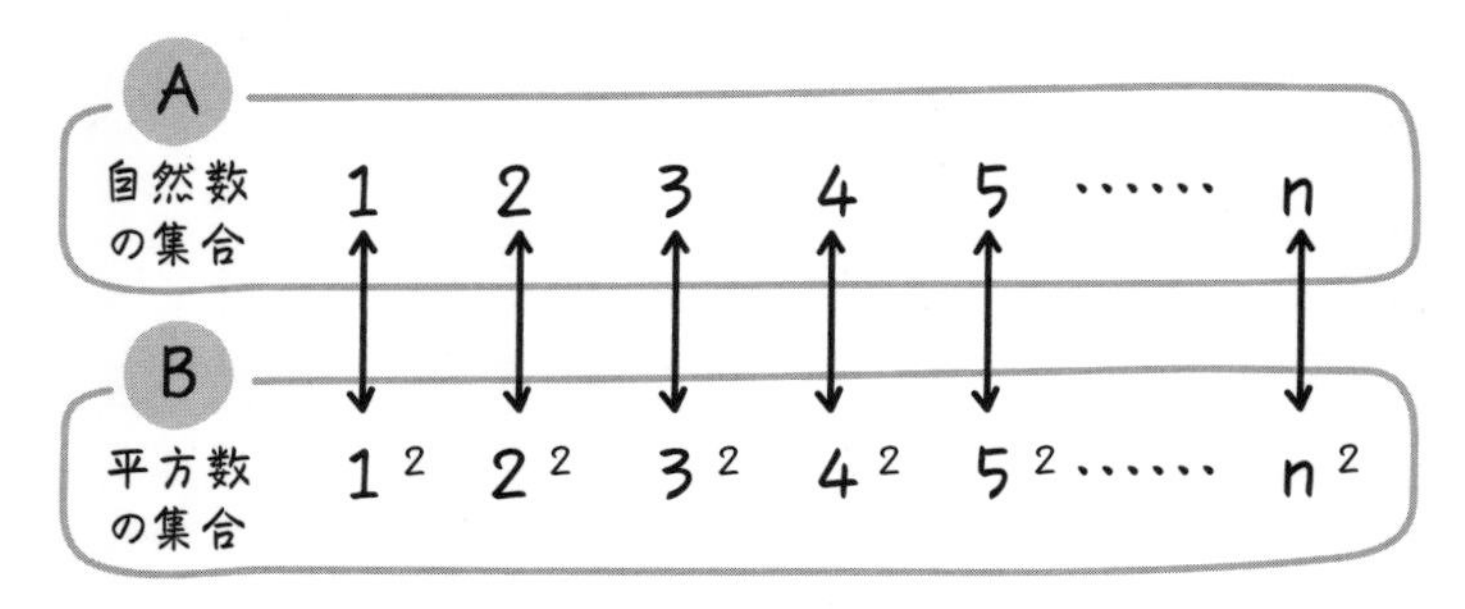

自然数と平方数が「1対1対応」している

AとBの集合は「濃度が等しい」

ントール（1845~1918）です。

カントールは、無限の概念を考える上で、重要なポイントとなる「1対1対応」について深く考察しました。そして、ガリレオが考えた、自然数の集合Aと自然数の平方数の集合Bのように、**自然数と1対1対応が可能な集合のことを「可算集合（数えることができる集合）」あるいは「可付番集合」、自然数と1対1対応が不可能な集合のことを「非可算集合（数えることができない集合）」**としました。

さらに、カントールは、可算集合の要素の数が、自然数の集合の要素の数と同じであることを、「濃度が等しい」という言い方をしました。ちなみに、この濃度は、理科で使う「食塩水の濃度」などの濃度とは異なる用語ですので注意が必要です。「自然数の集合と濃度が等しい」ということは、自然数と1対1対応であり、数えることができるということを意味しています。それにより、カントールは自然数と平方数は濃度が等しいことを示したのです。たとえば、自然数全体と偶数全体なども全体と部分の濃度が等しい一例です。

「我見るも、我信ぜず」

一方で、**カントールは1874年に、実数の集合は可算集合よりも濃度が高い「非可算集合」であることを示しました。実数とは有理数と無理数を合わせた数のことです。**

さらに、カントールは一次元の直線に含まれる点の数も、二次元の平面に含まれる点の数も、三次元の立体に含まれる点の数もすべて濃度が同じであることを発見したのです。

たとえば、直線は平面の一部にすぎませんよね。したがって、直線の中に含まれる

可算集合と非可算集合

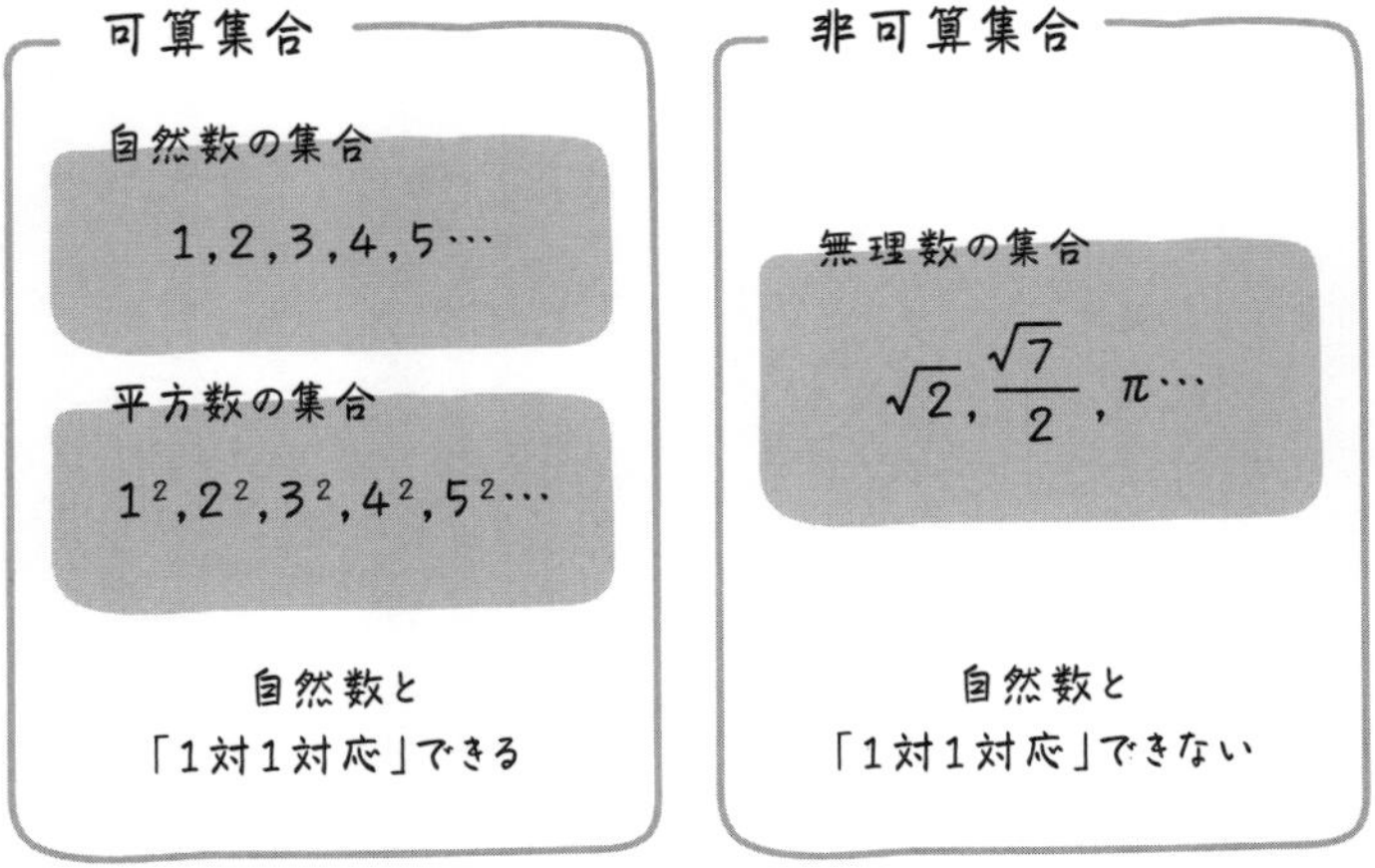

可算集合

自然数の集合

1,2,3,4,5…

平方数の集合

$1^2,2^2,3^2,4^2,5^2\cdots$

自然数と
「1対1対応」できる

非可算集合

無理数の集合

$\sqrt{2}, \frac{\sqrt{7}}{2}, \pi\cdots$

自然数と
「1対1対応」できない

点の数と平面の中に含まれる点の数を比べたら、直感的には、平面の中に含まれる点のほうがずっと多いと思うのではないでしょうか。実際、有限個の点を直線上に配置した場合と平面上に配置した場合では、平面上に配置した場合のほうが点の数が多くなります。ところが、無限個の点からなる線や面を考えると、話は変わります。なんと、**線に含まれる点と面に含まれる点は1対1対応をする**のです。

この考え方を発展させると、立体に含まれる点も、直線や平面に含まれる点と濃度が等しいということが言えるのです。これは、ユークリッドの公理に反するように見えますが、数学的には何の矛盾もありません。

この結論に至ったカントールは、非常に衝撃を受け、1877年6月に友人であるドイツの数学者デーデキントに一通の手紙を書きました。自分がたどり着いた無限の本質について、証明には成功したものの、自分自身どう解釈すればよいかわからなかったのです。手紙の中で、カントールはそのときの動揺を「我見るも、我信ぜず」と書き記しています。

さて、現在では、ある濃度よりも濃い濃度をもつ無限集合はいくらでも作り出せることがわかっています。まさに無限集合は、無限に存在するというわけです。無限とは、有限の世界の尺度では想像もつかないほど果てしない広がりを持つ世界に存在する数の総称なのです。

「数学」で読み解く世界史

17世紀までマイナスは「理不尽な数」だった

ここでは、私たちが学校で学んできた、負の数やゼロ、虚数……など、数の歴史を振り返ることにしましょう。人類が最初に見出した数は自然数で、４０００年以上前の古代バビロニア時代のことでした。

また、紀元前3世紀頃のメソポタミア文明では、位取りを表す記号としての０（ゼロ）が使われていたことが知られていますが、当時、０は「数」としては認められていませんでした。たとえば、「１０１」の０は、「10の位には何の数もない（空位）」ということを表すための記号にすぎなかったのです。その後、**0が数とみなされるようになったのは、6~7世紀のインドが最初と言われています。**「０を発見したのはインド人だ」と言われるのはそのためです。0を数として認めることで、0は初めて計算の対象として扱われるようになりました。つまり、「0＋9＝9」「13×0＝0」といった計算ができるようになったというわけです。

一方、**マイナスの整数が世界で初めて登場したのは、紀元前1～2世紀頃に中国で書かれた数学書『九章算術（きゅうしょうさんじゅつ）』**です。しかし、マイナスの数が本格的に数として扱われるようになったのは、やはり、6～7世紀のインドだったと言われています。インドの数学者ブラフマグプタ（598頃～660頃）は628年に、天文書『ブラーマ・スプタ・シッダーンタ』の中で0とともに、マイナスの数を使った計算ルールを記しました。

インドで確立したマイナスの数は、その後、ヨーロッパに伝わりましたが、ヨーロッパではなかなか受け入れられませんでした。そして、長い年月を経てようやく16世紀に入り、方程式の解として、マイナスの数が登場したのです。ところが、**当時の数学者たちは、マイナスの数を「理不尽な数」と呼んで、認めませんでした。**17世紀の有名なフランスの数学者ルネ・デカルト（1596～1650）でさえ、マイナスの解が出ると、「偽の解」と呼んでいたのです。

マイナスの数を方程式の正当な解として最初に受け入れたのは、フランスの数学者アルベール・ジラール（1595〜1632）でした。ジラールはマイナスの数を視覚的に表す方法を考えました。それこそは、「プラスの数は前進を表し、マイナスの数は逆進を表す」というものです。0を原点として+1を右向きの長さ1の矢印で、−1を左向きの長さ1の矢印で表そうというわけです。これにより、マイナスの数が視覚的に表されるようになったことで、ようやく広く受け入れられるようになったのです。

それにしても、今では何の疑問もなく使っているマイナスの数が、ほんの350年ほど前までは、理不尽な数と考えられていたというのは、驚きですよね。

ピタゴラスが存在を認めなかった「無理数」

さてこれで、ようやく整数が出そろいました。整数同士の足し算やかけ算では、必ず答えは整数になります。しかし、整数同士の割り算では、答えは整数になるとは限りません。そこで新たに作られたのが、分数です。分母と分子がともに整数の分数のことを有理数といいます。整数も、分母を1とする分数と考えることができるので有理数です。ただし、0を分母に置くことはできません。

また、分数は小数で表すこともできます。たとえば、4分の1は「0・25」という小数で表すことができます。また、7分の1は「0・142857142857……」と「142857」の部分が循環しながら無限に続く小数になります。このような小数を「循環小数」といいます。

実は分母と分子がともに整数の分数は、小数点以下が有限の小数か、小数点以下がある桁から循環しながら無限に続く小数になります。

ちなみに、分数と小数の間には、数の歴史において大きな違いがあります。**分数は、『リンド・パピルス』という紀元前17世紀頃の数学書にも登場する非常に古い数**です。一方、小数の歴史は浅く、**ヨーロッパで小数を初めて提唱したのは、16世紀のベルギーの数学者シモン・ステヴィン（1548〜1620）でした。**また、現在のような小数点を使った表記法を生み出したのは、スコットランドの数学者ジョン・ネイピア（1550〜1617）です。

ここまでで見てきたように、整数も分数で表すことができることから、すべての数は分数で表すことができそうに思えます。実際、ピタゴラスもそう考えていました。

ピタゴラスは自然数を神聖なものとして崇拝し、あらゆる数は自然数の比で表せる（分数で表せる）と考えていたのです。

ところが当時、ピタゴラスの考えに反して、分数では表せない数が見つかってしまいました。１辺の長さが１の正方形の対角線の長さは、ピタゴラスの定理により、$\sqrt{2}$になります。この$\sqrt{2}$は分数で表すことができない数なのです。$\sqrt{2}$を小数で表すと、１・４１４２１３５６……と小数点以下が無限に続きます。しかも、小数点以下は循環しません。これは$\sqrt{2}$が「分母と分子が整数の分数」で表せないことを意味しています。つまり、$\sqrt{2}$は有理数ではないということです。このような数を無理数といいます。円周率πも、３・１４１５９２……と小数点以下が循環することなく無限に続く無理数です。数の仲間には、無理数が無数に含まれています。それどころか、**有理数よりも無理数のほうが実は圧倒的に多い**のです。

有理数と無理数を合わせた数を「実数」と呼んでいます。学校の数学の授業で習う数直線には、すべての実数が含まれているのです。

人類が最後にたどり着いた「虚数」

さらに人類は、この数直線上にはない数があることに気づいてしまいました。すべての実数は、2乗するとプラスの数になります。しかし、実はこの説明は実数に限られます。なんと、2乗するとマイナスになる数があったのです。今ではこのような数のことを数学の授業で「虚数」と習います。ではなぜ、虚数が必要なのでしょうか。それは、**虚数を導入しなければ解を得ることができない問題がある**からです。その問題について紹介していきましょう。

16世紀、イタリアの数学者ジローラモ・カルダノ（1501～1576）が書いた著書『アルス・マグナ（大いなる技法）』の中で、彼は次のような問題を載せました。「2つの数がある。これらを足すと10になり、かけると40になる。2つの数はそれぞれいくつか」。そして、カルダノはこの問題の解も記しています。それは、「$5+\sqrt{-15}$」と「$5-\sqrt{-15}$」という2つの数です。$\sqrt{-15}$とは、2乗すると-15になる数という意味です。2乗してマイナスの数になるということは、つまり虚数であるということです。実際、

「$5+\sqrt{-15}+5-\sqrt{-15}=10$」「$(5+\sqrt{-15})\times(5-\sqrt{-15})=40$」となり、カルダノの問題の解になっていることが確認できます。

このようにしてカルダノは、虚数というものを用いれば、実数の範囲においては解のない問題であっても解を得ることができることを初めて示したのです。しかしながら、カルダノは、虚数のことを「詭弁(きべん)的なものであって、実用上の意味はないだろう」とも記しており、虚数の存在を認めていたわけではありませんでした。

また、カルダノだけでなく、当時の数学者たちも虚数という奇妙な数をなかなか受け入れることができずにいました。マイナスの数を「偽の解」として受け入れなかったデカルトは、虚数についても認めることはなかったのです。そして、マイナスの数の平方根のことをフランス語で「想像上の数」と呼びました。これが、英語の「imaginary number（イマジナリーナンバー）」の語源となったのです。なお、日本語の虚数という訳語は中国から輸入されたものです。

一方で、18世紀のスイスの数学者レオンハルト・オイラー（1707～1783）は、臆することなく虚数を駆使した数学の探究を行いました。オイラーは「2乗すると−1になる数」を「虚数単位」と定め、イマジナリーの頭文字をとって「i」という記号で表すことにしたのです。つまり、$i^2=-1$というわけです。$i=\sqrt{-1}$となります。

しかしながら、虚数が他の数学者たちから受け入れられることはありませんでした。実際、虚数は数直線上のどこにも存在しません。このことが、虚数が受け入れられない大きな要因となっていたのです。

「複素数」が数の最終ゴールの1つ

デンマークの測量技師カスパー・ヴェッセル（1745～1818）は、数直線の外、つまり原点から、上下方向に垂直にのばした直線上に虚数を配置すればよいのではないかと思いつきました。また、ヴェッセルと同時期に、ドイツの数学者カール・フリードリヒ・ガウスも、独自に同じアイデアにたどり着いていました。水平においた数直線で実数を表し、それに垂直なもう1つの数直線で虚数を表せば、縦軸と横軸を使った平面が表せます。**ガウスはこの平面上の点で表される数を「複素数」と名づけ、複素数を表す平面を「複素平面（複素数平面）」と名づけた**のです。このようにして虚数が視覚化されたことで、虚数は認められるようになっていきました。これは、マイナスの数が数直線上で表すことができるようになりようやく広く受け入れられるようになった経緯と似ています。

人類は、こうやって必要に迫られる中で、次々と新たな数を生み出していき、複素数にたどり着いたのです。１７９９年にガウスが証明した「代数学の基本定理」によれば、どのような方程式も、複素数の範囲に必ず解をもちます。したがって、**複素数こそが数の拡張のゴールの1つというわけです。**

偏差値80ってどれくらいすごい？

意外と知らない偏差値の仕組み

受験生にとって「偏差値」は大きな関心事ですよね。テストのたびに自分の偏差値を見て、喜んだり、落ち込んだりしている人も多いはず。自分の人生を左右すると言っても過言ではないくらい大事なものなので、ここでぜひ「偏差値とはどうやって決まるのか？」を学んでみてください（もう受験をしない人は、偏差値の仕組みを知って、過去の努力の結果を正しく理解してほしいと思います）。数学的な知識もつくので、一石二鳥ですよ！

偏差値は、「標準偏差」というものを使って導き出しています。なので、まずは標準偏差とはどのようなものかから説明することにしましょう。

たとえば、テストの点数が100点満点中80点だったからといって「いい成績」、40点だったからといって「悪い成績」という風に、単純に点数だけを見て、成績の良し悪しを判断することはできません。なぜなら、それはクラスのあなた以外の生徒が何点を取ったかによるからです。

たとえ「点数」が同じでも……

では仮に、あなたは前回と今回の数学のテストで、両方とも75点を取ったとしましょう。しかも、クラスの平均点も両方とも60点でした。ところが、前回よりも今回のほうが、偏差値が上がりました。これは一体どういうことでしょう。

グラフの横軸に点数、縦軸に人数を取ったとき、実は前回のテストの点数は、68ページ図の左のグラフのようななだらかな山のような分布をしていました。一方、今回は、図の右のグラフのようなとがった山のような分布をしていました。いずれも平均点は60点です。しかし、分布の仕方が大きく異なっていたのです。

2つのグラフからは、前回（左のグラフ）はあなたよりもよい点数を取っている生

分布の異なる2つのグラフ

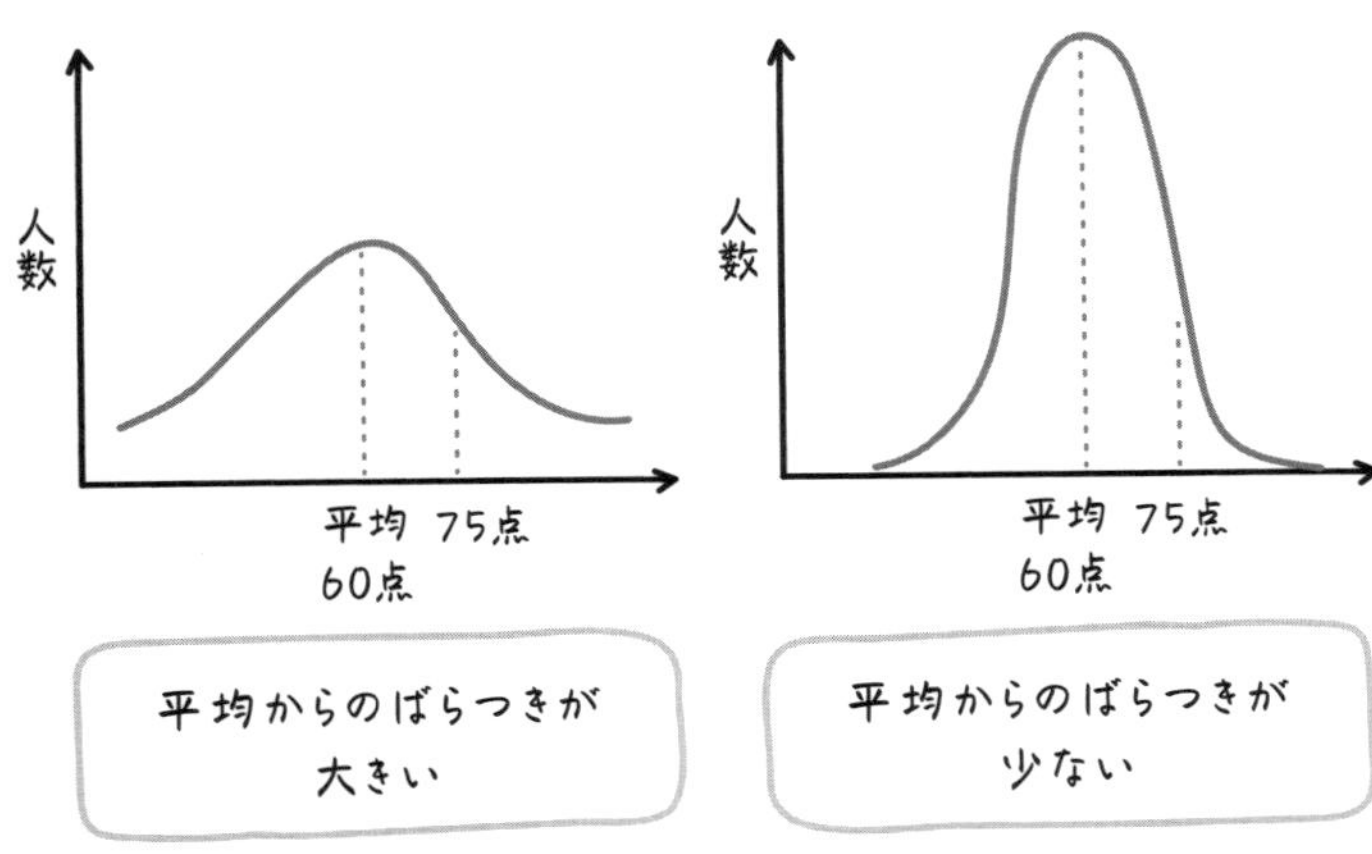

徒が多くいた一方、今回（右のグラフ）はあなたよりもいい点数を取っている生徒がずっと少ないことがわかりますよね。

以上から、テストに限らずデータは平均値を見ただけでは、その特徴を正しく捉えることができないということがわかります。**左のグラフは平均点からのばらつきが大きく、右のグラフは平均点からのばらつきが小さいということが言えます。**このように、データのばらつきを見ることは、データを正しく理解する上で非常に重要な要素なのです。

このような、平均値と個々のデータの差のことを「偏差」といいます。平均値よりも大きければ偏差はプラスの値、小さければば偏差はマイナスの値を取ります。たとえば、平均点が60点で、あなたの点数が75点ならば、偏差は+15、あなたの点数が40点ならば、−20ということになります。

このように、**偏差は個々のデータが平均値からどれくらい離れているかを表す**ものです。したがって、全データの偏差をすべて足すとゼロになります。そのため、このままでは、データ全体のばらつき具合の指標として使うことができません。そこで、偏差を2乗してプラスの値にした上で、すべて足し、データの総数で割ることで、ばらつきの大きさの指標にします。これを「分散」と言います。

また、分散の正の平方根を「標準偏差」といいます。これもデータのばらつき具合を表します。分散や標準偏差が大きければグラフは幅広い形になり、小さければグラフはとがった形になります。

「平均からどれくらい離れているか」を表す

標準偏差がどのようなものかわかったところで、偏差値の説明に入りましょう。標準偏差がデータ全体のばらつき具合を示す指標であるのに対し、偏差値はある人の点数がどれくらい、どの方向に、平均点から離れているかを表す指標です。

偏差値は、次の式で計算されます。

$$偏差値=\frac{点数-平均点}{標準偏差}\times 10+50$$

点数が平均点と同じだった場合、最初の項は0になりますから、偏差値は50です。

そして、平均点を標準偏差が1つ分だけ上回る（下回る）ごとに、偏差値は10ずつ増えて（減って）いきます。

たとえば、あるテストの平均点が65点、標準偏差が15、あなたの点数が95点だった場合、式に当てはめると、偏差値は70になります。つまり、平均点から標準偏差の2

つ分、高い点数だったというわけです。

一般に、テストの点数は、テスト受験者数が十分いる、などの条件を満たすと、「正規分布」という分布に近い形になることが知られています。釣鐘（ベル）のような形をしていることから、正規分布を表す曲線は、「釣鐘曲線（ベルカーブ）」と呼ばれています。**テストの点数だけでなく、自然界や社会で見られるさまざまなデータが正規分布に従う**ことが知られています。

正規分布のグラフの形は、平均値と標準偏差（または分散）が決まれば、１つに決まります。

「偏差値至上主義」はやめよう

このように、偏差値というのは、標準偏差などをもとにテストごとに決まる値だということが言えます。同じ学力の人でも、テストの難易度や、ほかにどういう人たちが受けるテストなのかによって偏差値はかなり変わってきます。

たとえば、極端な例を考えてみます。１００人が受験したテストで、全員が１００

点を取った場合、100人全員の偏差値は50になります。一方、1人だけが100点、残り99人が0点を取った場合、100点を取った人の偏差値は149・5、0点を取った人の偏差値は−49になります。たとえ同じ点数でも、周りの結果に応じてこれだけの差が出てきてしまうのです。

また、テストを受ける人数や問題の数、出題の難易度に偏りがあった場合、必ずしも正規分布に従うとは限りません。その場合、大きな誤差が生じてしまう可能性があります。したがって、**偏差値は、学力の高さを知る上で常に最良の指標であるとは限らない**ということも覚えておく必要があるでしょう。

「高すぎる、低すぎる」ときは注意が必要

全国模擬試験などでは、テスト結果に「あなたは全受験者中○位です」といったことも書かれていますが、順位だけでは得られない情報があります。全受験者中100位と言われても、それがどれくらいすごいのかは実はよくわかりませんよね。そのため、偏差値だけでなく、中央値など統計学の分野で研究されているさまざまなデータ

を学ぶことで、データを多角的に見るようにしましょう。

余談ですが、テレビに出演した際によく、「これまで取った中で一番高い偏差値はいくつですか?」と聞かれます。私が正直に「偏差値80です」と答えると、放送の際には、それが肩書のように使われるのですが、実は私自身からしてみると、この偏差値が出たテスト結果はあまり信頼していません。

このときは、私がほぼ満点を取り、他の人たちの結果があまりよくなかったからこそ、偏差値80などという高い数値が出ました。ほぼ満点というのは、少なくともテストに出たレベルの問題は解けるということしか意味せず、本当の学力を表しているとはいえません。より高難易度の問題は「解けるかもしれない」し、「解けないかもしれない」からです。**偏差値80や偏差値20のような偏った値を取ったときは、注意が必要なのです。**

Chapter

2

便利で仕方がない「数学的思考」

確率を知れば、冷静な判断ができる

横綱の69連勝はどれだけすごいのか

突然ですが、クイズです。

Q：大相撲で、最多連勝記録69を持つ力士は誰？

……少し難しかったでしょうか。正解は「双葉山（ふたばやま）」です。双葉山（1912〜1968）は戦前の力士で、第35代横綱です。残念ながら、1939年1月15日に前頭三枚目の安藝ノ海（あきのうみ）に惜しくも敗れてしまいますが、69連勝は現在でも、大相撲の最多連勝記録だそうです。

実際、69連勝というのは、どれほどの偉業なのでしょうか。双葉山の横綱通算勝率は約88・8％なので、勝率9割として、69連勝する確率を計算してみることにしましょう。

勝率9割の力士が69連勝する確率は、0・9の69乗を計算すれば、求めることができます。実際に計算してみると、0・000696１9なので、約0・07％という結果が得られました。9割という高い勝率を持つ力士であっても、69連勝できる確率はたった0・07％に過ぎないのです。その点からも、双葉山の連勝記録がいかに偉大なことだったかがわかります。このように、**1よりも小さな数を累乗していくと、急速に小さな数になっていく**のです。

当たる確率1％、100回引けば1回は当たる？

これをより身近な例に当てはめて考えてみましょう。スマホのソーシャルゲームではアイテムを「ガチャ」と呼ばれるくじで引きます。このガチャでは、一番いいアイテムを引く確率はだいたい数％ぐらいです。SNS上では「100回引いても当たらなかった」といった悲しい投稿をよく目にします。

たとえば、レアアイテムを引き当てる確率が、1％だったとします。このとき、100回引けば、必ず1回はレアアイテムを引き当てることができると考えてよいでしょうか。

答えはノーです。1回引いてくじに外れる確率は0・99ですから、100回引いて100回ともくじに外れる確率は$(0.99)^{100}$になります。この値を計算すると、0・366……ですから、**100回引いてもレアアイテムを引き当てることができない確率は、約37％にも達する**のです。逆に、100回くじを引いて、少なくとも1回当たる確率は「1−0.366＝0.634」、つまり約63％なのです。

さらに、注意が必要です。それは、たとえどんなにくじを引き続けたとしても、当たる確率は決して100％にはならないということです。それは、0・99を無限にかけ算しても、決して0にはならないからです。ちなみに、この場合、少なくとも1回当たる確率が99％以上になるのは、なんと459回以上引いたときだということが計算からわかります。

同様に、当たる確率が20％だったとしても、5回引いたからといって、レアアイテ

100回引けば必ず当たる？

当たり確率1％のガチャを100回外す確率

$(0.99)^{100}=0.366\cdots\cdots$

外す確率は 約37％

当たり確率1％のガチャを100回引いて、
1回以上当たる確率

$1-(0.99)^{100}=0.633\cdots\cdots$

当たる確率は 約63％

ムを引き当てられるわけではありません。

この場合も計算してみましょう。5回連続外れる確率は$(0.8)^5\fallingdotseq0.33$ですから、5回に少なくとも1回レアアイテムを引き当てる確率は「1−0.33＝0.67」、つまり約67％ということになります。

ガチャを引く画面は射幸心をあおる演出が入っているので、つい限度を忘れてお金を投じてしまいがちです。そういった失敗をしないためにも、**数学的な思考力を武器に、冷静な判断ができるようにしましょう。**

「確率論」はギャンブル由来

数学の世界では、確率を扱う分野を「確

率論」といいます。確率論とは、まだ起きていない未来の出来事について、それぞれの出来事が起きる確からしさを数学的に計算して、予測するための理論です。

確率論の歴史はギャンブルと切っても切れない関係にあります。**ギャンブルこそが、確率論の生みの親と言える**のです。確率論を生んだ科学者の一人が、ガリレオ・ガリレイ（１５６４～１６４２）です。他にも、「フェルマーの最終定理」で知られるフランスの裁判官で数学者のピエール・ド・フェルマー（１６０１～１６６５）も、ギャンブルをめぐるやり取りから確率論の基礎を築いたことが知られています。

ギャンブルで身を滅ぼす人は後を絶ちませんが、確率論を学ぶことで、ギャンブルは、賭ける側が損をするようにできていることがわかります。また、ギャンブルに限らず、確率の基礎知識を身につけることで、直感や当てずっぽうに頼らず、合理的な判断ができるようになりますよ。

「1対1対応」で上手に数える方法

木の本数を超効率的に数えた「秀吉のひも」

たとえば、あなたが「この山に生えている木の数をすべて数えなさい」と言われたらどうしますか?

実はこれは、豊臣秀吉が織田信長の家臣だった頃に、信長から命じられたという逸話です。信長はあるとき、家臣の足軽たちに、裏山の木の本数を数えるように命じました。足軽たちは手分けしてさっそく数え始めますが、すぐに混乱が生じてしまいます。誰がどの木を数えたのかがわからなくなってしまったからです。

それに対し、秀吉が提案したのが、**「ここに10000本のひもを用意した。このひもをすべての木に1本ずつ結びつけてこよう」**というものです。そのため、これは

「秀吉のひも」と呼ばれた逸話です。それによって、仮にひもが２５００本余ったとすれば、木の本数は全部で７５００本だということがわかりますよね。これを「１対１対応」と言います。この功績により、秀吉は信長からも他の家臣からもさらに信頼を厚くしていったといいます。

１対１対応は、私たちの日常生活においても、さまざまな場面で応用可能です。たとえば、イベント会場で来場者数を知りたいとき、来場者全員に配るチラシの数から割り出すことができます。**用意した枚数に対し、余った枚数を数えれば、大まかな来場者数がわかる**というわけです。

また、最近、盛んに加入が呼びかけられている「マイナンバーカード制度」も１対１対応の典型例です。これは、日本に住民票を持つすべての個人に、12桁の番号を付与するものです。個人とマイナンバーは１対１対応をしているので、マイナンバーの番号から、個人を特定することができます。

その他、たとえば、東南アジアの国では、選挙の際に投票を済ませた人に、紫外線を当てると光るインクで腕にスタンプを押すことで、何回も不正に投票しないように防止しているそうです。これも１対１対応と言えるでしょう。

「秀吉のひも」とは？

ひも
10,000本

残ったひも
2,500本

木の本数
7,500本

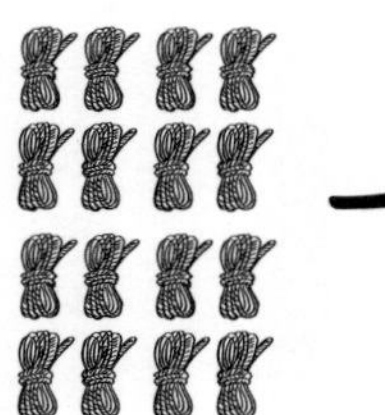

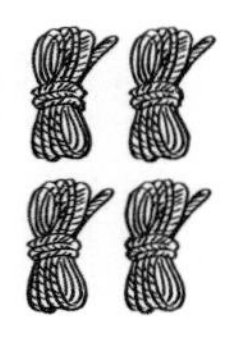

さらに、近年は、「ロジカルシンキング（論理的思考）」に対する関心度の高まりとともに、「MECE（ミーシー）」という言葉をよく目にするようになりました。これは、ロジカルシンキングの基本概念の1つで、「Mutually Exclusive and Collectively Exhaustive」の頭文字を取った造語です。直訳すると、「互いに重複せず、全体として漏れがない」という意味になります。「漏れなく、ダブりなく」という意味で使われます。

この原始的な方法の1つが、秀吉のひもだったというわけです。

野生生物の数を数える「標識再捕獲法」

木は動きませんが、一方で、自然界に生息する野生生物を数えるにはどうしたらよいでしょうか。いろいろな工夫がされていますが、その中の１つに、「標識再捕獲法」があります。標識再捕獲法では、たとえば、50個体や１００個体を捕獲してきて、すべてに標識（マーク）を付けて、自然界に再び放します。その後、ある程度期間をおいて再度個体を捕獲してきて、標識が付いている個体の割合を調べます。その地域に生息している個体の数が多いほど、最初に標識を付けた個体の割合は低いはずですから、２回目の調査で捕獲した中に、標識が付いている個体が含まれている確率は低くなりますよね。このことを利用して、地域の野生生物の個体数を推定するのが、標識再捕獲法です。

ただし、この方法で調査する場合、野生生物の行動パターンや移動範囲なども考慮する必要があります。

たとえば、裏山のカラスを標識再捕獲法を使って調査しても、地域全体や日本全体のカラスの個体数を推定することはできませんよね。また、標識再捕獲法の場合、1対1対応のように正しい数を測定できるわけではなく、あくまでも推定であるということにも注意が必要です。

これを実生活で応用することもできます。たとえば、クイズゲームでランダムに問題が出てくる場合があります。このとき、全部で何問あるかを知りたいとします。そこで、まず、100問のクイズを解いて、その内容を記録しておきます。そして、再度100問のクイズを解きます。ここで、既出の問題が10問あった場合、100問中10問がダブっていることになります。つまり100問中10分の1の確率で、同じ問題に当たるのですから、問題は全部で約1000問あるということが推定できるのです。私は以前、よくクイズ大会でこの方法を使い、用意されているクイズの問題数を推定していました。

このように、**一見数えるのが困難そうに思える場合であっても、工夫次第で数えることは可能になる**のです。

日常生活にも役立つ「アルゴリズム」

最適な情報をどう見つけ出す？

「ＩＴ社会」や「ＩＣＴ社会」と言われ、はや十数年。もはやインターネットなしに私たちの生活は成り立ちません。近年、数学の重要性がますます高まっているのは、数学が物理学や化学、生物学において不可欠なものであるだけでなく、情報科学においても重要で不可欠な学問分野となっているからです。

特に近年、インターネットでは、想像を絶する速さで、日々データ通信量が増大し続けています。そのため、膨大なデータの中から求めるデータを探索するのも大変になっています。それに伴い、探索機能も向上し続けており、**ユーザーが求める最適な情報を、コンピューターが見つけ出し表示してくれる機能もより高速化、高精度化し**

てきています。また、インターネットショッピングで表示される「おすすめ機能」などは、ユーザーがわざわざ検索しなくても、過去の検索履歴や購入履歴から、それぞれのユーザーの好みに合致した商品を割り出して、勝手に提示してくれたりします。このような機能は、人工知能（ＡＩ）の発展により、サーバーに蓄積されるデータ量が多ければ多いほど精度が高まっていきます。

このような**コンピューターの機能を実現するためのソフトウェア開発においては、「アルゴリズム」が重要な役割を果たします。**アルゴリズムとは、問題を解決するための手順や計算方法のことです。

コンピューターの発展とともに、これまでさまざまなアルゴリズムが開発されてきました。新たなアルゴリズムを開発する主な目的は、コンピューター処理を高速化するためと、これまでにない新たな問題を解くためです。近年は、膨大な量のデータの中から高速に求めるデータを見つけ出す「探索アルゴリズム」が重要性を増しています。

みなさんは、迷路を探索するためのアルゴリズムである「右手法」をご存じですか？これは、迷路の右側に壁があった場合、常に右手で壁を触りながら迷路を進み、右側に壁がない場合は右に進むという2つの単純なルールに基づく、最も基本的な探索アルゴリズムの1つです。この右手法を使うことで、仮に時間はかかったとしても、必ず出口にたどり着くことができます。

とはいえ、出口にたどり着くまでに100年もかかったのでは意味がありませんよね。より短時間で解くことができる探索アルゴリズムの開発が重要です。

現在、膨大なデータの中から高速にデータを見つけ出す探索アルゴリズムの典型例としては、まず、**「二分探索」**が挙げられます。

通常、紙の辞書はあいうえお順やアルファベット順に並んでいますよね。マークがついている辞書も多いですが、もし今、自分が使っている辞書にマークがついていないとして、調べたい単語を効率的に見つけ出すには、どうすればよいでしょうか。たとえば、「タコ」という単語を調べたいとします。このとき、**辞書のちょうど中央辺りを開く**のです。そして、開いたページの最初の単語を見ます。その単語が仮に「ハト」だった場合、「タコ」は必ず2つに分けた前半のページにあるはずです。そこで次に、前半のページの中央辺りを開きます。そして、開いたページの最初の単語を見ます。その単語が仮に「サル」だった場合、「タコ」は必ず2つに分けた後半のペー

効率が上がる「二分探索」

1ページずつ調べる

最大3216回

二分探索で調べる

3216→1608→804→402→201→101→51→26→13→7→4→2→1

最大12回

ジにあるはずです。これを繰り返していくことで、どんどんページの範囲が狭められていき、その結果、「タコ」が掲載されているページにたどり着くことができるのです。

辞書の中でも非常に分厚い「広辞苑」（3216ページ！）でも、この操作を最大12回繰り返すだけで、掲載されているページにたどり着くことができます。これが、二分探索と呼ばれる方法です。

ここでは、単語があいうえお順やアルファベット順に並んでいるということが重要です。このような性質を「単調性」と言います。

この二分探索というアルゴリズムは、イ

ンターネット上のさまざまな探索（検索）に使われています。たとえば、あなたがパソコンやスマホを開き、Facebookにログインするとします。このとき、Facebookはまず、あなたのアカウントを確認します。

しかし、そのためには、大容量のデータベースの中から、あなたのユーザー名を探索しなければなりません。あなたのユーザー名が仮に「M」で始まっているとすると、Facebookは「A」から順番にユーザー名を探索せずに、中央辺りから始めたほうがずっと合理的です。そのため、二分探索が使われているのです。

ちなみに、二分探索の面白い使い道としては、映画のシーン探しがあります。2時間の映画の中から、お気に入りのシーンを見つけたいとき、まずは1時間のところまで飛ばし、探しているシーンがそのシーンより前なら30分、後なら1時間30分のところまで飛ばします。

これを繰り返せば、1から全部観ていくより短い時間で、お気に入りのシーンを見つけることができます。これは、**1つの映画が場面ごとに順番に並んでいるのを「単調性」と捉えて、応用している**わけです。

アルゴリズムは、できるだけ効率的にすばやく問題を解決するために生み出されたものなので、その考え方を実生活に応用することで、ちょっとしたライフハックとして使うことができるのです。

「フローチャート」で最適な順番を見つける

他にも、アルゴリズムの考え方を紹介しましょう。たとえば、工場の生産ラインでは、必ず製品を組み立てる順番がありますよね。また、同時並行で、複数個の部品を組み立てて、ある場所で統合するといった複雑なプロセスを経ている場合も少なくありません。そのため、**「フローチャート」**と呼ばれる流れ図を書いて、製造ラインを設計しています。中でも「この工程が遅れると、その後の全工程に大きな影響を及ぼす」という重要な工程を「クリティカルパス」と言います。そのため、**アルゴリズムを使って最適な製造工程を設計しているのです**。この手法は工場の製造ラインだけでなく、受験勉強や料理の手順など色々な工程に応用可能です。

たとえば、肉野菜炒めとごはんを作るとします。その工程をフローチャート化したものが93ページの図です。これを見ると、どのように作業をすれば一番効率がいいかが見えてきます。

まずは、お米を研いで、炊飯器のスイッチを押します。そして、炊き上がるまでの40分で肉野菜炒めを作ります。肉を解凍している間の10分で野菜を切り、その後、肉を切って下味をつけて、肉と野菜を炒めます。肉野菜炒めができて少し経つとごはんが炊き上がるので、少し蒸らした後に盛りつけて完成です。

ごはんを炊いて、それから肉野菜炒めを作ると、全部で73分かかりますが、このやり方なら48分で完成します。基本的には待ち時間が生じる工程に先に取りかかり、待っている間に他の作業をするのが効率的です。フローチャートにすれば、効率のいい作業の順番が見えてくるのです。

今後ますますニーズが高まる「数学に強い人材」

さて、インターネット上では情報量が増大し続けていることから、探索アルゴリズムの研究開発には終わりがありません。アルゴリズムの研究開発を担っているのは、主に数学科や情報科学科の出身者です。そのため、グーグルやアマゾンなどアメリカ

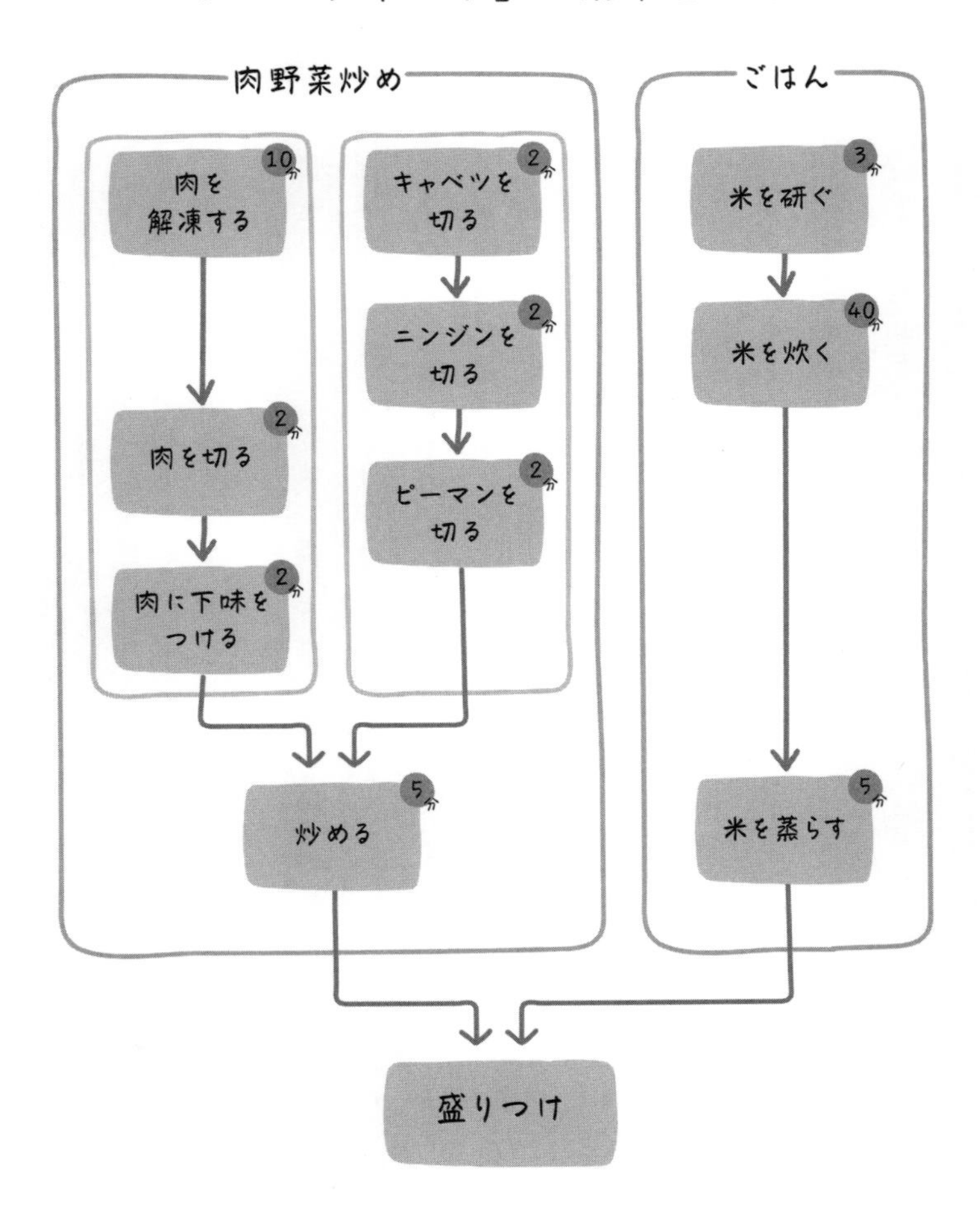
「フローチャート」で効率を上げる
肉野菜炒め
ごはん
10分
肉を
解凍する
2分
キャベツを
切る
3分
米を研ぐ
2分
ニンジンを
切る
40分
米を炊く
2分
肉を切る
2分
ピーマンを
切る
2分
肉に下味を
つける
5分
炒める
5分
米を蒸らす
盛りつけ

の巨大ＩＴ企業はもちろんのこと、日本でも、特にフリーマーケットサイトや転職サービスサイトのようなマッチングサイトを運営している企業などで、数学科や情報科学科の出身者への雇用ニーズが高まっています。言うまでもなく、マッチングサイトでは、ユーザーのニーズにより合致した情報を高精度かつ高速に見つけ出してくる必要があるからです。

一方で、最近、数学の世界でよく言われる指摘に「**この10年間における数学界の最大の失敗は、広告をクリックさせるというつまらない目的のために、多くの優秀なリソースをつぎ込み過ぎたことだ。**その結果、数学に関する大きな成果をあげることができなかった」というものがあります。

実際、企業はいかにしてユーザーに商品にクリックさせるかばかりに一生懸命になりすぎてきたようにも感じています。数学を研究している私としては、今後、より多くの人々が幸せを感じるような世の中になるためにもっと数学を使っていきたいなと思っています。

「ベン図」を使えば全体像を把握できる

「集合」を視覚的に表す

たとえば、あなたは親に「新しいスマホに替えたい」とお願いしたとします。このとき、親から「どうして替えたいの？」と聞かれました。それに対し、あなたは「動画を観たり、ＳＮＳをしたりしたいから」と答えたとします。すると、親から「それは今持っているスマホでもできるでしょ」と言われ、説得に失敗してしまいます。

あなたは親に対して、どのように説明するべきだったでしょうか。

このようなとき、算数や数学の授業で習う「ベン図」が役に立ちます。**ベン図とは次ページの図のようなもので、「集合」同士の関係を視覚的に表したもの**です。

図のＡやＢは複数の要素からなる集合を表しています。ここで、∩は「かつ」を意

「ベン図」とは？

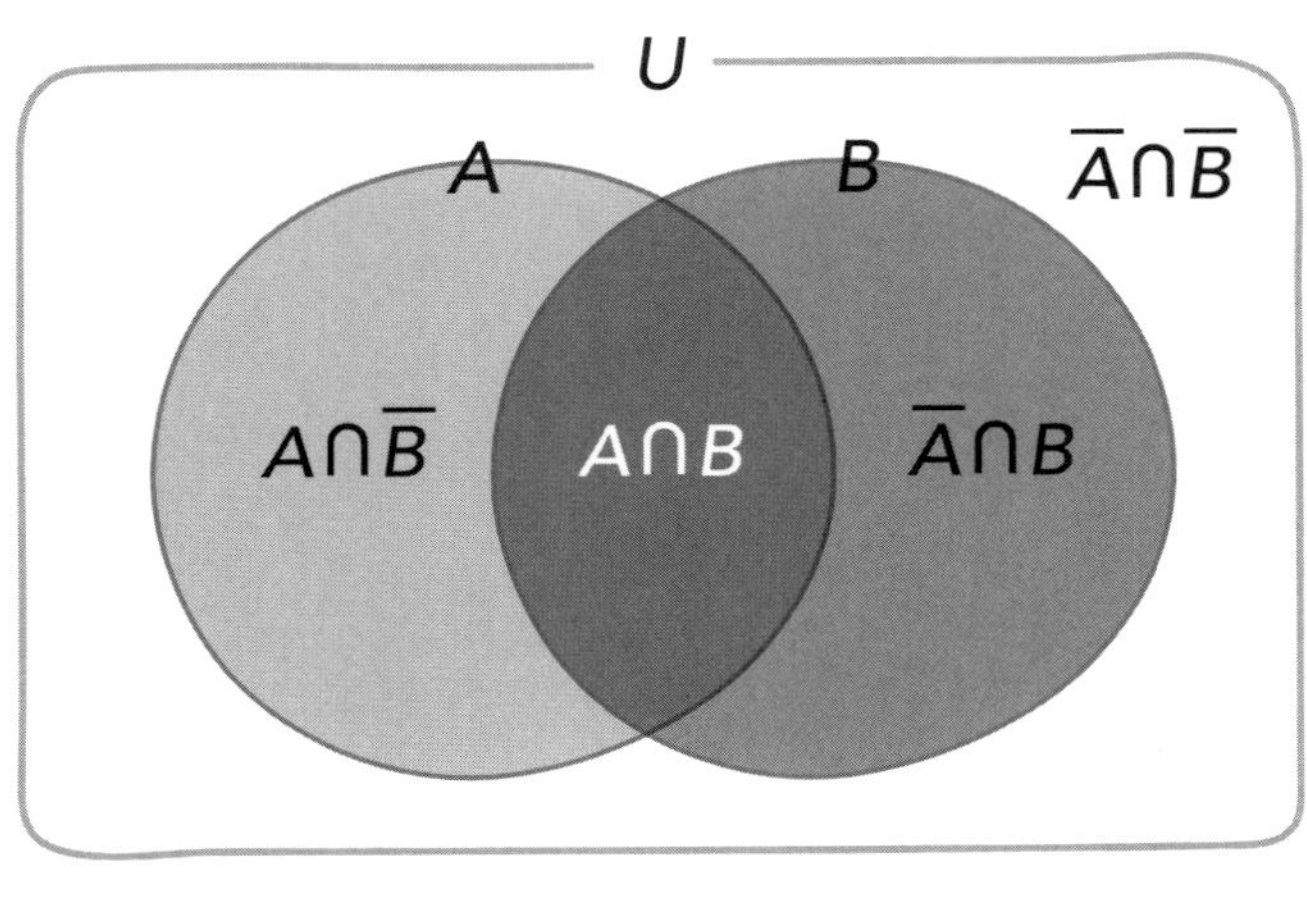

味する「共通部分」を表す記号です。図にはありませんが、∪は「または」を意味する「合併集合」を表す記号です。AやBの上についた横棒は「否定」を意味します。「$\overline{\text{A}}$は「全体からAをのぞいた集合」で、Aの「補集合」です。

ベン図がどういうものかわかったところで、今のスマホの特徴の集合をA、欲しいスマホの特徴の集合をBとして、それぞれの集合に含まれる要素をベン図に書き込んでいきます（97ページの図）。今のスマホと欲しいスマホに共通する特徴は、AとBの共通集合に入ります。それ以外の部分が、今のスマホだけの特徴、欲しいスマホだけの特徴ということになります。

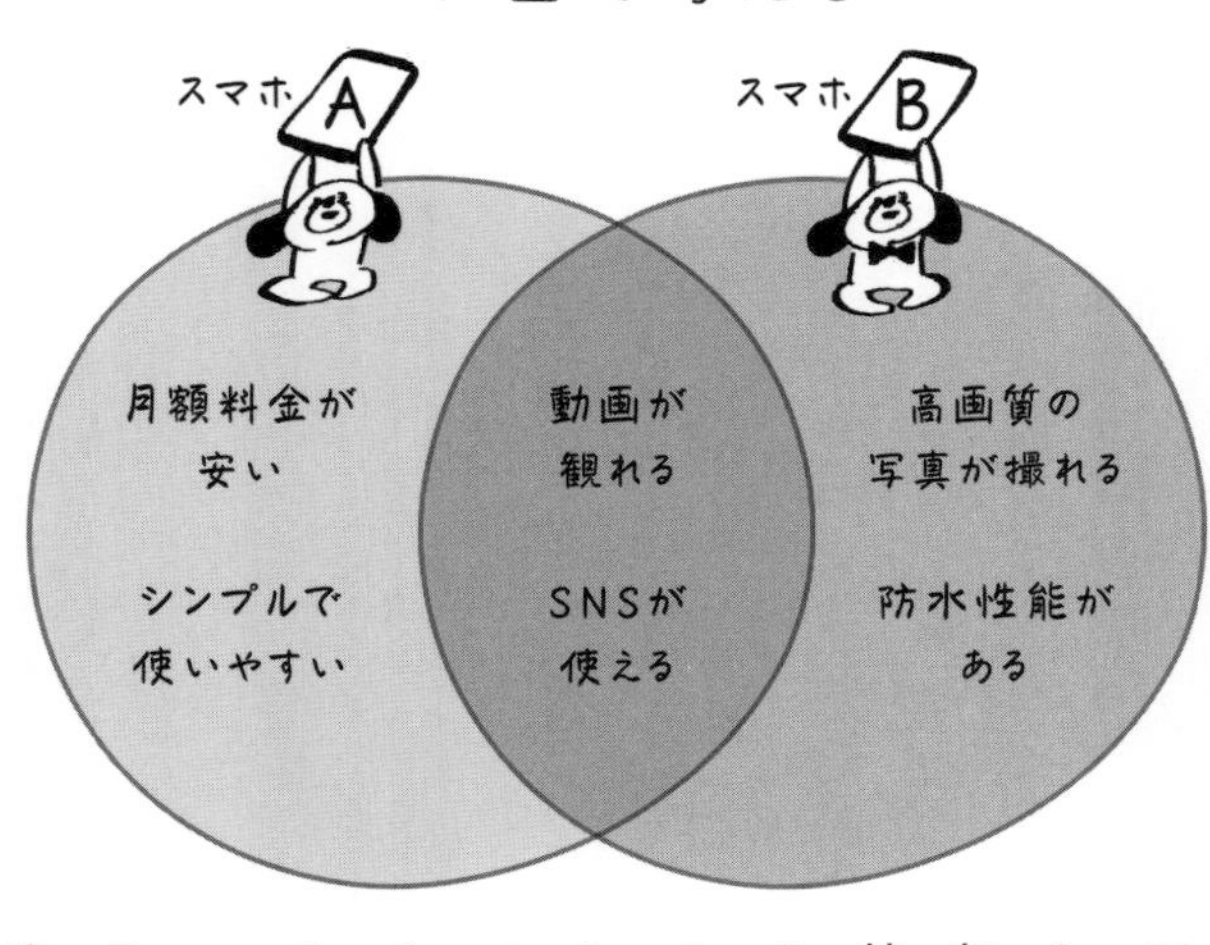

このベン図を見ると、先ほどあなたは、「動画が観れる」「SNSが使える」といった今のスマホと欲しいスマホの共通集合の部分に含まれる要素を挙げて、「スマホを替える」のを提案したことになります。そのため、親を説得することができなかったのです。それに対し、「高画質の写真が撮れる」「防水性能がある」といった欲しいスマホならではの特徴を挙げて、親にスマホが欲しい理由を述べれば、親を説得できる可能性が高くなるのです。

以上は簡単な例ですが、**集合の数はAとBの2つに限らず、基本的にいくらでも増やすことが可能です。**それにより、集合同士の複雑な関係を考察することができます。

たとえば、先ほどのスマホの例だと、今持っているスマホと気になっているスマホ2台の機能を一気に比べられます。

ただ、4つ以上の要素があるベン図は円だけで表すことができず形がかなり複雑になるので、注意が必要です。

「ベン図クイズ」に挑戦！

ここで、集合が3つのベン図を使いこなしてもらうために、1つクイズを出します。

あなたは学校行事のキャンプ実行委員になり、夕食のメニューを考える係になりました。そこで、クラスメイトにカレー、焼肉、豚汁のどれがいいか、複数回答有りでアンケートを取りました。

すると、カレーを選んだ人が17人、豚汁を選んだ人が17人、焼肉を選んだ人が17人でした。また、カレーと焼肉のみを選んだ人が2人、カレーと豚汁のみを選んだ人が3人、豚汁と焼肉のみを選んだ人が1人、3つすべてを選んだ人が2人でした。

このとき、焼肉だけを選んだ人は何人でしょうか。

焼肉だけを選んだのは……？

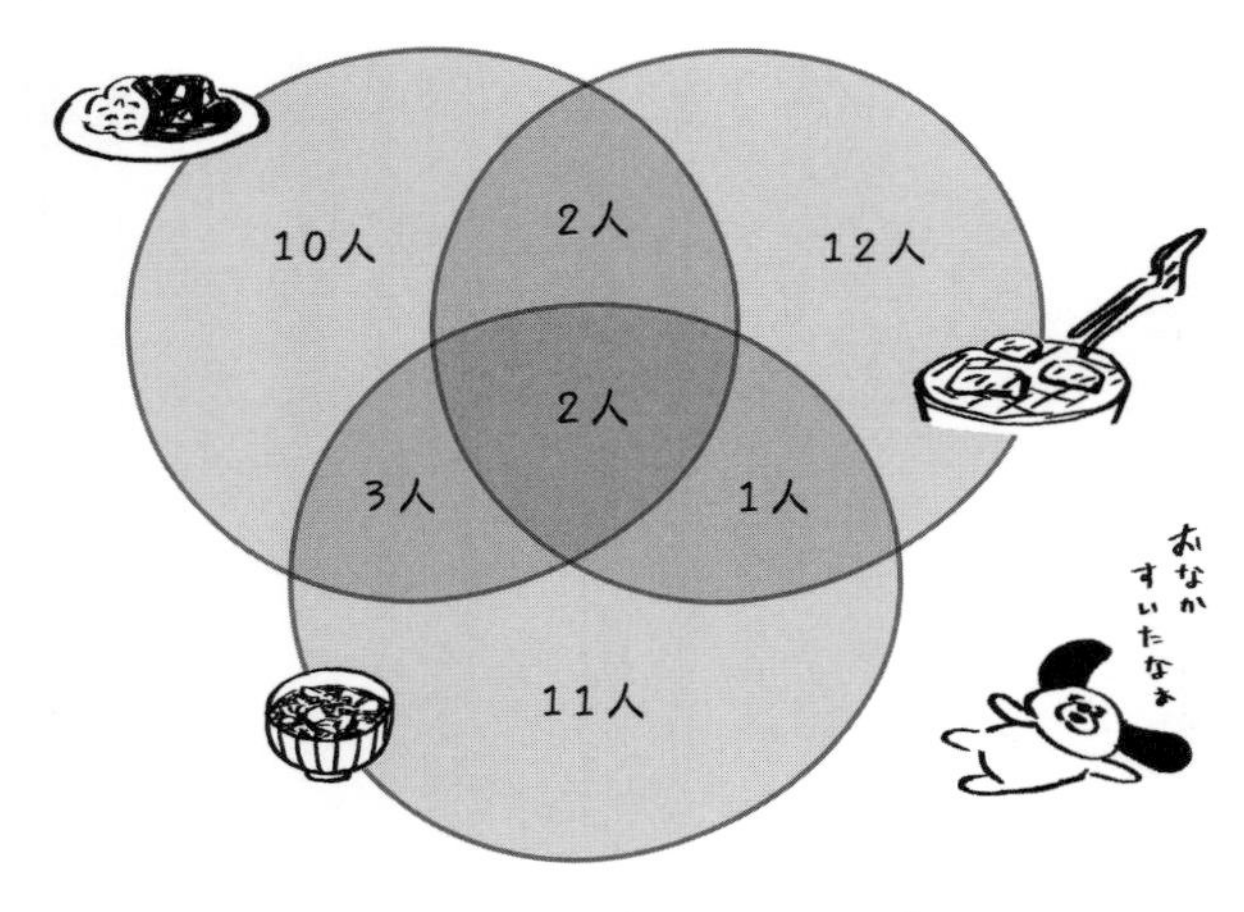

カレー、焼肉、豚汁の3つの要素を、ベン図を使って整理してみてください。

上の図のようにまとめられたでしょうか。このベン図を見れば答えは一目瞭然で、焼肉だけを選んだ人は12人です。

このように、頭の中で考えても全体像が見えてこないものも、**ベン図を使うことで全体像を把握しやすくなる**のです。

数学でお金持ちになる「複利」の法則

「単利」と「複利」でこんなに違う

銀行の預金金利には、「単利法」と「複利法」の2種類があります。単利法とは、最初に預けた元本に対し、2年目以降も元本に対してのみ利息がつくというもの、一方、複利法とは、最初に預けた元本に対し、2年目以降は元本とその利息を足した金額に対して利息がつくというものです。

具体的な数字を入れて計算してみましょう。たとえば、元本を100万円、年利率を5％とし30年後の預金額を計算してみます。

まず単利法の場合「$100\times(1.05\times30)=250$」で、250万円になります。一方、複利法の場合、「$100\times(1.05)^{30}\fallingdotseq432$」で約432万円になります。つまり、この場合、

単利と複利の「大きな差」

100万円を5%で運用した場合の単利と複利

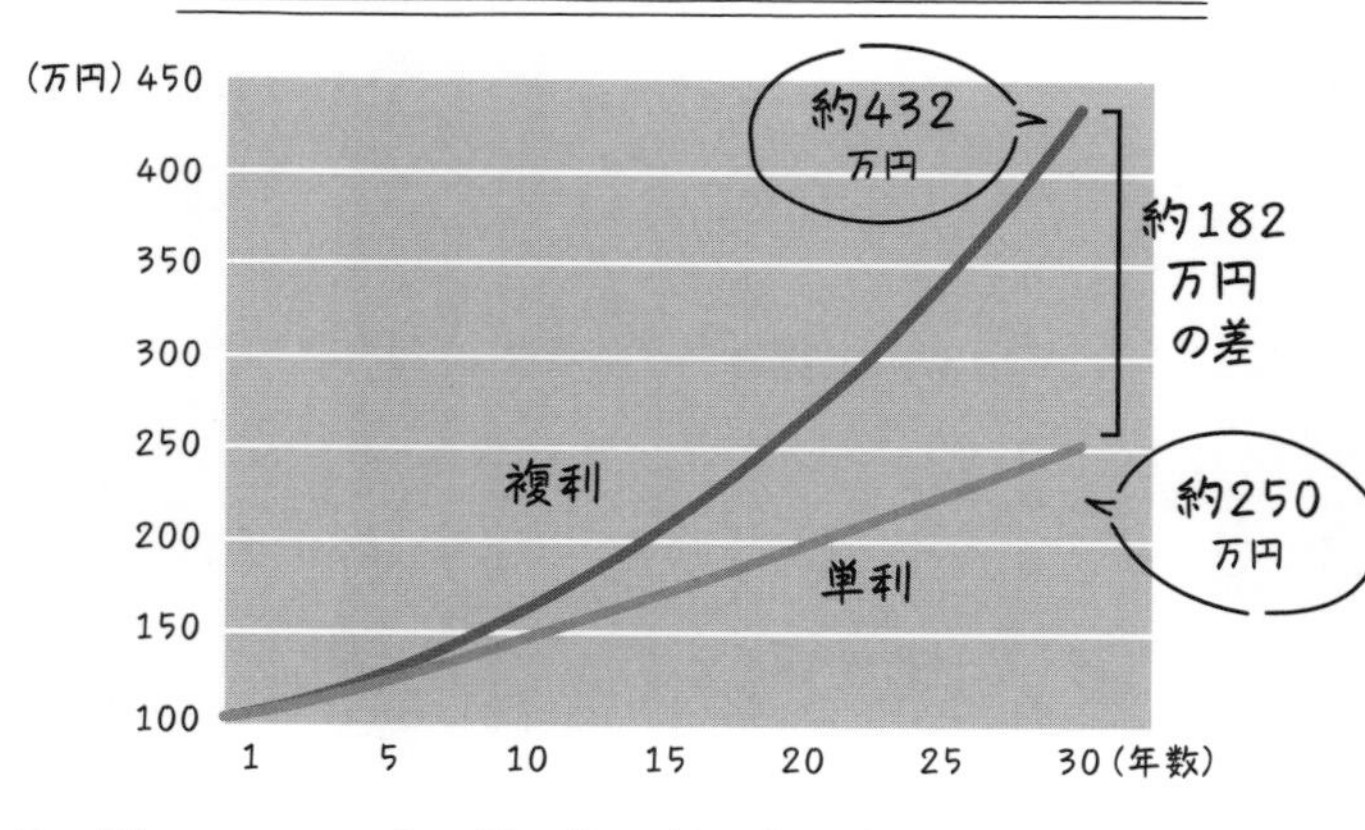

複利法のほうが、単利法よりも金利が182万円以上も多くなる計算です。

ここであらためて、預金額をy円、預金期間をx年とすると、単利法は「$y=ax(a>1)$」という数式で表される一次関数、一方、複利法は「$y=a^x(a>1)$」で表される指数関数であることがわかります。一次関数をグラフで表すと直線になるのに対し、指数関数をグラフで表すと、最初のうちは緩やかな曲線を描きながら上昇していきますが、右へ行けば行くほど急激に上昇していきます。

つまり、**単利法に比べて複利法のほうが、長く預金すればするほど急激に預金額が増えていき、その差はどんどん大きくなって**

いくのです。実はこれこそが指数の大きな特徴であり、「指数関数的」と表現されるゆえんです。私たちは一次関数のような直線的な変化は直感的に理解しやすい一方で、指数関数的な変化は直感的に理解しにくいと言われています。

ここで仮に、1年に100%の金利を複利で受け取るのと、1年に10回10%の金利を複利で受け取るのとでは、金額がどのように異なるか、計算してみることにしましょう。まず、1年後の前者の預金額は2倍、一方、後者の1年後の預金額は1・1の10乗なので、約2・594倍です。さらに、1年に100回1%の金利を複利で受け取る場合、なんと1・01の100乗で2・705倍にもなります。このように、**金利をもらう回数を無限に細かくしていくと、ネイピア数e**というものになります。eは、2・71828……という無理数です。したがって、預金であれば、金利を受け取るまでの期間が短いほど得をし、逆に借金であれば損をするということを覚えておくとよいでしょう。

近年、銀行の金利は大変低いため、この例のようなわけにはいきません。

しかし、投資をする際にこの考え方を持っておくと、効率的に資産を増やすことができます。たとえば、100万円を株式に投資し、1年間で5%のリターン、つまり

５万円の利益が出たとします。その５万円をすぐに引き出して使うか、ぐっとこらえて再投資するかで、利益の出方は大きく変わります。利益が出た分を引き出し、運用額を１００万円のままにすると、翌年以降も資産は「単利」でしか増えていきません。しかし、利益をさらに再投資し、運用額を１０５万にして、そのまた翌年も利益を再投資すれば、資産は「複利」で増えていきます。

30年間このルールで運用すると、100ページで計算したように、「複利」は「単利」より１８２万円も資産が増えます。

つまり、**投資においては、利益を受け取らずに再投資したほうが、複利効果で資産の伸びは大きくなる**のです。

また、複利に関する面白い法則に、**「72の法則」**というものがあります。たとえば、年利２％で、預金額が2倍になるまでに何年かかるかを考えるとき、単利の場合、50年ですが、複利の場合、72を2で割って約36年となります。実際に計算してみると、「$(1.02)^{36} \fallingdotseq 2.04$」で、約2倍になっていることがわかります。年利１％の場合、72を1で割って約72年、年利３％の場合は、72を3で割って約24年、年利４％の場合は、72を４で割って約18年と大雑把に予想することができるのです。

この法則を覚えておくと、将来、自分の預金がどれぐらいの速さで増えるのかを簡単に予測することができます。老後の貯金額2000万円を目指すとして、仮に老後まであと36年といった場合、今から1000万円を年利2％の複利で運用することで、36年後には2000万円になっているということが計算によりわかります。

この複利の力を受けて、天才物理学者アルベルト・アインシュタイン（1879〜1955）は、**「複利は人類最大の発明」**と称しました。

1％の努力と1％の怠惰の差は大きい

最後に、視点を変えて、毎日の勉強に置き換えて考えてみることにしましょう。たとえば、あなたは1年後の大学受験に向けて、英単語の習得を目指しているとします。このとき、あなたが習得した英単語の数が、前日に比べて日々1％ずつ増えていくと仮定します。このとき、最初の英単語の数を1とすると、1年後にはあなたが習得した英単語の数は何倍になっているでしょうか。

1日後の英単語力は「1×1.01」、2日後の英単語力は「1×1.01×1.01」、3日後の英単語力は「1×1.01×1.01×1.01」になりますよね。したがって、1年を365日とすると、1年後の英単語力は1に1・01を365回かけた数になることがわかります。実際に計算してみると、37・7834……となります。つまり1年後のあなたの習得した英単語の数は約38倍になっているというわけです。

逆に努力を怠ることで、毎日1%ずつ英単語の習得数が失われていくと仮定します。すると、1年後の英単語力は1に0・99を365回かけた数になり、計算すると、0・0255……なので、約0・025倍になってしまうことがわかります。

仮に、最初の英単語の習得数を100単語とした場合、1%ずつ増えていくことで、1年後には、習得した英単語の数は約3780単語まで増えていることになりますが、努力を怠り1%ずつ減っていくことで、1年後には、習得した英単語の数は、約2・5個にまで減っていることになるのです。これは非常に大きな違いですよね。継続は力なり。実際に毎日1%努力するのは簡単ではないですが、**「たった1%」などとは思わず、1%の日々の小さな努力の積み重ねがいつか大きな実を結ぶ**と信じることが大切です。

論理的思考が身につく「対偶法」

「論理クイズ」にチャレンジ！

数学を学ぶメリットの1つとして、「論理的な思考力が身につく」ことが挙げられます。その典型的な手法が「対偶法」です。**対偶法を覚えておくと、物事を論理的に考え、正しく認識することができますよ。**

まずは、問題です。あるカフェで4人がテーブルを囲んでいたとします。このとき「ビールを飲んでいる人」「ジュースを飲んでいる人」「28歳の人」「17歳の人」の4人であることがわかっていたとします。ここで、「アルコール飲料を飲んでいるならば、20歳以上である」というルールが守られているかどうかを確かめたいとします。最低限どの人を調べればこのルールが守られていることを確かめることができるでしょうか。調べる人は複数人であっても構いません。

……さて、答えは出ましたか？　ではさっそく答え合わせをしましょう。答えは、「ビールを飲んでいる人と17歳の人の2名を調べればいい」でした。みなさんの答えはどうだったでしょうか。

では、一体なぜ、その2人を調べればいいのでしょうか。対偶法の考え方を知っていると、理由は明白です。そのためには、対偶法とはどのような方法なのかから、説明しましょう。

次ページの図のように、まず「AならばBである」という「命題」があるとします。このとき、「BならばAである」は元の命題の「逆」、「AでないならばBではない」は元の命題の「裏」、そして、「BでないならばAではない」は元の命題の「対偶」といいます。

ここで、**ある命題とその対偶との間には、「命題が真である（正しい）とき、その対偶もまた真である（正しい）」という関係が成り立ちます。**これを利用することで、正しい結論を導き出そうというのが、対偶法です。

さらに、よりわかりやすい例を挙げると、「人間は皆、死ぬ」という真の命題があ

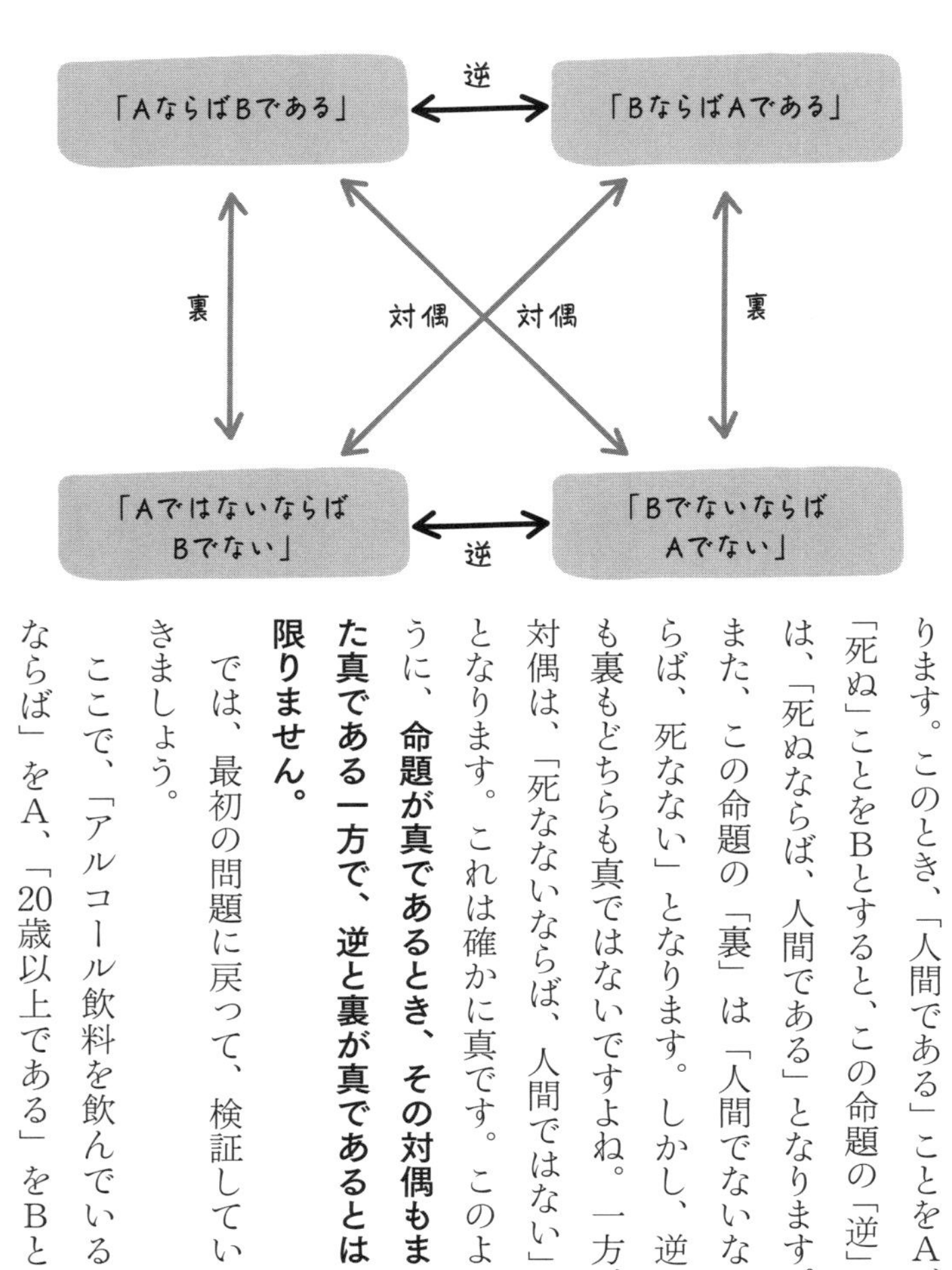

ります。このとき、「人間である」ことをA、「死ぬ」ことをBとすると、この命題の「逆」は、「死ぬならば、人間である」となります。また、この命題の「裏」は「人間でないならば、死なない」となります。しかし、逆も裏もどちらも真ではないですよね。一方、対偶は、「死なないならば、人間ではない」となります。これは確かに真です。このように、**命題が真であるとき、その対偶もまた真である一方で、逆と裏が真であるとは限りません。**

では、最初の問題に戻って、検証していきましょう。

ここで、「アルコール飲料を飲んでいるならば」をA、「20歳以上である」をBとします。「AならばB」の対偶は、「BでないならばAではない」ですので、まず、命題が真であることを確かめるため、「ビールを飲んでいる人が20歳以上である」ことを確かめます。次に、対偶が真であることを確かめるため、「17歳の人がアルコール飲料を飲んでいない」ことを確かめます。それにより、ルールが守られていることを確認できるというわけです。

一方で、28歳の人を確認することは、命題の「逆」を確認することであり、「20歳以上ならば、アルコール飲料を飲んでいる」ということになります。しかし、命題の逆は真とは限りません。20歳以上であってもアルコール飲料を飲んでいるとは限らないため、28歳の人を確認する必要はないのです。また、ジュースを飲んでいる人を確認するということは、命題の「裏」を確認することであり、「アルコール飲料を飲んでいないならば、20歳以上ではない」ということになります。

しかし、命題の「裏」も真とは限りません。ジュースを飲んでいる人であっても、20歳以上である可能性はあるため、ジュースを飲んでいる人を確認する必要はないのです。

対偶で解く論理問題

ビールを飲んでいるAさん、ジュースを飲んでいるBさん、28歳のCさん、17歳のDさんの4人がいる。
「アルコール飲料を飲んでいるならば、20歳以上である」というルールが守られているか確かめるためには、最低限誰を調べればいいか?

Aさん　Bさん　Cさん　Dさん

命題　「アルコール飲料を飲んでいるならば、20歳以上である」を確かめるためにAさん

対偶　「20歳未満ならば、アルコール飲料を飲んでいない」を確かめるためにDさん

以上の2人を調べればいい

「かっこいいから、彼女がいる」は本当か？

世の中には、非常にわかりづらく直感に頼ったのでは判断を誤ってしまう例が溢れています。たとえば、カフェで周りの人の雑談を聞いていると、「あの人はかっこいいから、絶対彼女がいるよ」といった言葉を耳にしたりします。これは正しいといえるでしょうか。

これを命題とみなして対偶をとると、「彼女がいないからあの人はかっこよくない」となりますが、これはおかしいと多くの人が感じると思います。「彼女がいない」けれど「かっこいい人」なんていくらでもいるので、この命題の対偶は偽。すなわち、もともとの命題も偽になります。

しかし、会話の中で「あの人はかっこいいから絶対彼女がいるよ」と言われたら、なんとなく「そうだよね」と同意してしまうのではないでしょうか。

このような発言は、日常生活の中でも頻繁にみられます。たとえば、ＳＮＳを見ていると、「そんなこと、誰も言っていない」と思うような議論の場面に遭遇することがよくあります。そんなときは、その発言をそのまま鵜呑みにすることなく、ぜひ対偶法を使って論理的に考えてほしいと思います。

対偶を考えてみることで、その発言の真偽がより明確になります。なので、「それって本当だろうか?」と疑問に思ったときには、ぜひ対偶法で考えてみてください。

Chapter

3

世界は「数学」でできている

ギャンブルと数学はとっても仲良し

必勝？のマーチンゲール法

私はギャンブルはほとんどやりませんが、世の中には「数学者がギャンブルを研究すれば、必勝法を編み出すことができて、大金持ちになれるのでは？」と考える人もいます。

ここでは、その考えの真偽を見極めるために、数学とギャンブルの関係を解き明かしていきましょう。果たして私たち数学者は大金持ちになれるのでしょうか。

最初に、ギャンブルに関する有名な必勝法があるので、紹介します。「マーチンゲール法」と呼ばれるものです。**マーチンゲール法は、「理論上は必ず勝つ」と言われているベッティングシステム**です。ベットとは賭けるという意味で、ベッティングシステムとは、カジノなどの賭博施設で、どのような金銭の賭け方をするかという戦略のことです。カジノには、ルーレットやブラックジャック、バカラなどのゲームがあり、ベッティングシステムは、カジノなどで遊ぶときに「どれくらいベットするか」を指南するものです。

そのベッティングシステムの中で、**マーチンゲール法とは、「勝負をして負けたときに、ベット額を2倍にすることで、負けた分を取り戻す」という賭け方**です。カジノ以外に、外国為替（ＦＸ）取引などでも使われています。理論上は必ず勝つと言われるのは、どれだけ連敗が続いても、１回の勝利ですべての損失を取り戻すことができるからです。

マーチンゲール法では、１回目に１０００円、２回目に２０００円、３回目に４０００円、４回目に８０００円といった具合に、ベット額を2倍、２倍と増やしていきます。そのため、「倍々ゲーム」とも言われます。初回のベット額１０００円で、ｎ回目に初めて勝ったとすると、そのときに2000^{n}の払い戻しがあります。

ここで、５回目に初めて勝ったとします。すると5回までで、「1000＋2000＋4000＋8000＋16000=31000」なので、合計３１０００円ベットしていることになります。

5回目で初めて32000円勝ったので、「32000−31000＝1000」ということで、1回目のベット額である1000円の利益が得られる計算です。

このように、マーチンゲール法では、たとえどれだけ連敗が続いたとしても、1回勝てば、負け分をすべて取り戻すことができるのです。

とはいえ、うすうす感じている人もいるかもしれませんが、ここには大きな落とし穴があります。

たとえば、10回連続で負けた場合、ベット額はいくらになるでしょうか。10回目のベット額の合計は「1000＋2000＋4000＋8000＋……＋256000＋512000＝1023000」ですよね。10回負けただけで、ベット額はトータルで100万円を超えてしまうのです。

したがって、マーチンゲール法で勝つには、あらかじめ多額の資金を用意しておく必要があるうえ、勝っても、1回目のベット額しか得ることができないのです。

「何億円でも払えるよ」という富豪であっても、初回のベット額が1000円で30回連続で負け続けたとしたら、ベットの合計額は1兆円を超える金額になってしまいます。また、何億円、何兆円も持っている大富豪が、1000円を儲けるためにギャンブルをするということは、現実的にあり得る話ではありませんよね。

マーチンゲール法とは?

したがって、残念ながら、**マーチンゲール法は現実的な必勝法とは言えません。**また、仮にギャンブルに必勝法が存在していたとすると、そもそもギャンブルを継続的に運営していくことができなくなります。これは、八百屋さんが仕入れ値よりも安く野菜を売るようなものです。つまり、ギャンブルに必勝法は存在しないということなのです。80ページでも述べましたが、必ずギャンブルを運営している胴元が儲かるように設定されているのです。胴元が損をする設定ではビジネスとして成立しませんから、当然と言えば当然ですよね。

残念ながらたとえ数学者でも、必勝法で億万長者にはなれないようなので、私も地道に働いていきたいと思います。

ギャンブルをするなら「期待値」を計算しよう

一方で、必勝法はないにせよ、「一獲千金を狙いたい！」と考えるのが人間というものです。ここで、儲かる可能性がより高いギャンブルや賭け方は何かと考えたときに、判断基準となるのが、「期待値」もしくは「控除率」です。

期待値とは、「1回の投資額に対して、どれくらいの賞金が得られると期待できるか」を計算した値です。「獲得賞金×確率」を計算した合計額になります。

たとえば、「サイコロを1回振って1の目が出たら1万円、それ以外の目が出たら0円」「1以外の目が出たら2500円、1が出たら0円」のどちらかの賭けに参加できるとしたら、あなたはどちらを選ぶでしょうか。ここで、期待値を計算してみると、合理的な判断ができるようになります。

まず、1の目が出るほうの期待値は、1の目が出る確率が6分の1、1以外の目が出る確率が6分の5なので、

$$10000円\times\frac{1}{6}+0円\times\frac{5}{6}\fallingdotseq1667円$$

となります。一方、１以外の目が出るほうの期待値は、

$$0円\times\frac{1}{6}+2500円\times\frac{5}{6}\fallingdotseq2083円$$

となります。したがって、１以外の目が出るほうに賭けたほうが、より賢い選択ということになります。

加えて、もしこのギャンブルに参加費がかかる場合、その金額が仮に２０００円であるとすると、参加して、１以外の目が出るほうに賭けたほうがいいことがわかります。逆に、期待値よりも参加費のほうが高い１の目が出るほうに賭けるのは、やめておいたほうがよさそうです。

ちなみに、実際にこの方法で、ジャンボ宝くじの期待値を計算してみると、１枚３００円の購入金額に対して１５０円弱となります。期待値は購入金額の半値を下回る

のです。

また、控除率とは、「運営者（胴元）側がどれくらい取っていくかの割合（取り分）」のことです。ギャンブルを運営する際の手数料というと、わかりやすいかもしれませんね。たとえば、競馬の場合、馬券の種類によっても異なりますが、控除率は20～30％だと言われています。

保険会社にとっても重要な数学

先ほど、マーチンゲール法は、外国為替（ＦＸ）取引などでも使われていると言いましたが、数学は「金融工学」の基礎にもなっています。金融工学とは、資産運用や投資など、意志決定を伴う金融に関する工学のことです。

その１つに、「保険」があります。たとえば、ある人ががん保険に加入しているとします。その場合、がんになったら金銭的に得をして、がんにならなかったら金銭的に損をするという、一種のギャンブルに参加していると捉えることができます。したがって、保険会社はある種の「胴元」として、加入者の年齢や病歴などをもとに、加入者の将来をより精密に予想して、適切な保険料と支払い額を設定しなければならないわけです。

さらに、現在と数年後、数十年後では、お金の価値も異なってきます。同じ300円でも、50年前の300円と、現在の300円では、価値が全然違うので、そうした経済の予測なども価格に反映させる必要があります。保険会社は高度な数学の理論に基づいて、最適な価格設定の商品を開発しているわけです。保険商品を開発する人は、「アクチュアリー」と呼ばれており、アクチュアリーの多くが大学で数学を学んだ人です。

このように、**数学とギャンブル（と保険）は切っても切り離せない関係にあり、未来をより高い精度で予測するためには、数学はなくてはならないものなのです。**

東京―大阪間を「8分」で移動可能？

現在、2027年の品川―名古屋間、2037年の名古屋―新大阪間の開業を目指して、「リニア中央新幹線」の開発が進められています。リニア中央新幹線が全線開通すれば、東京―大阪間を67分で移動できると言われています。

しかし、さらに上を行く、**東京―大阪間をなんとたったの8分間で移動可能な乗り物がある**と聞いたら、みなさんは信じますか？　しかも、電気などの動力が一切不要だというのです。

もちろん、これは理論上の乗り物であり、空気抵抗や摩擦抵抗は一切ないと仮定した場合の話ですが、一体どのような原理で動く乗り物なのでしょうか。

それは、**「サイクロイド」**と呼ばれる曲線を反転させた**「最速降下曲線」**を利用するというものです。その名の通り、最速で降下し、さらに最速で上昇できるという曲線なので、この曲線の形をしたトンネルを地下に掘ってつなげることで、東京―大阪間であれば、計算上8分で移動できるというわけです。しかも、2点間の距離が長ければ長いほど、速度は増します。たとえば、**東京とロンドンを、最速降下曲線のトンネルでつなげると、たった39分で到着する**といいます。しかも、ガソリンなどの燃料はまったく必要ありません。

とはいえ、この最速降下曲線を利用した乗り物には、大きな欠点があります。それは、始発駅と終着駅にしか停車できないということ。つまり、たとえば、東京駅と新大阪駅を結ぶ場合、それ以外の駅には停車できないのです。これでは、名古屋市民の猛反対にあうことでしょう。しかも、東京駅と新大阪駅のほぼ中間地点に当たる名古屋と静岡の間の深さが最大なので、仮に名古屋で停車できたとしても、名古屋市民は、地下深ーくにある駅まで行かなければならず、ここでも、名古屋市民の猛反対にあうことでしょう。

一方で、最速降下曲線は、実は身近な場所で、すでに実用化されています。それはジェットコースターです。**ジェットコースターのコースは、できるだけ速度が出るように、最速降下曲線をもとに設計されている**のです。

ところで、そもそもサイクロイドとは一体どのような曲線なのでしょうか。これは、自転車などの車輪が回転するときに、車輪上のある1点が描く軌跡のことです。数学的には、直線上で円を転がしたとき、円周上の1点が描く曲線のことを言います。

このサイクロイドを熱心に研究したのが、ガリレオ・ガリレイの弟子で、物理学者で数学者のエヴァンジェリスタ・トリチェリ（1608～1647）でした。

一方で、この時代、任意の2点間を結ぶすべての曲線のうち、高いほうの点を出発して、もう一方の点に到達するまでにかかる時間が最も短い曲線（すなわち、最速降下曲線）の研究も行われました。実はガリレオ・ガリレイは、1638年に出版した著書の中で、「最速降下曲線は円弧である」と記していました。しかし、その後、1696年にスイスの数学者ヨハン・ベルヌーイ（1667～1748）が、「最速降下曲線はどのような形だろうか」と、あらためて問題提起をしました。それに応じたのが、アイザック・ニュートン（1642～1727）、ヨハンの兄のヤコブ・ベルヌーイ（1654～1705）、ゴットフリート・ライプニッツ（1646～1716）、

最速降下曲線とサイクロイド

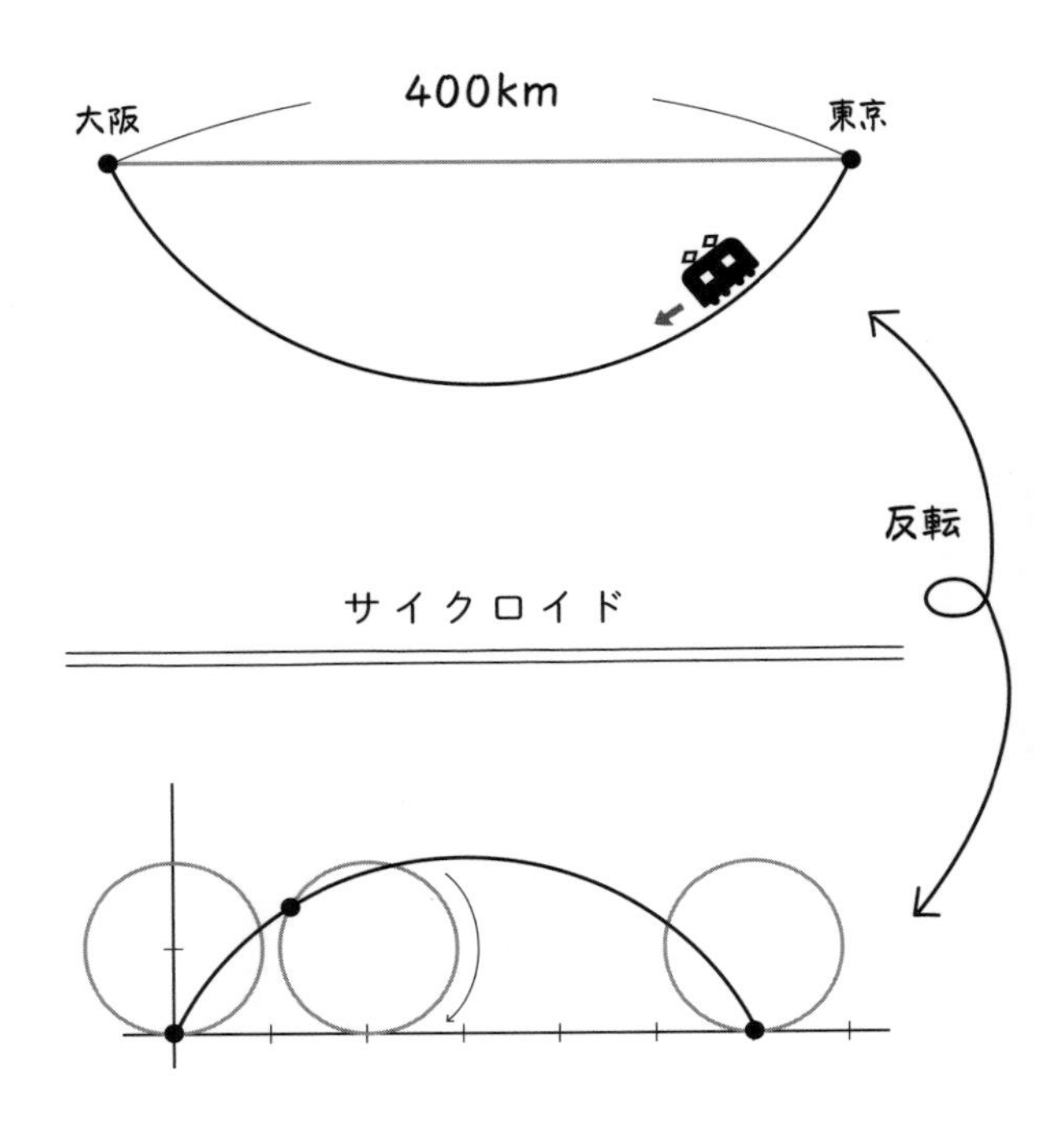

ギヨーム・ド・ロピタル（1661～1704）の4人の著名な数学者でした。その結果、**最速降下曲線は、サイクロイドであることが明らかとなった**のです。

人に優しい曲線「クロソイド」

実用化されている身近な曲線としては、他にも、**「クロソイド」**と呼ばれる曲線が有名です。これは、オイラーが熱心に研究したことから、「オイラー螺旋（らせん）」とも呼ばれています。

たとえば、高速道路のインターチェンジなどでは、道が円を描いていますよね。たとえば、佐賀県にある鳥栖（とす）ジャンクションは上から見ると、四つ葉のクローバーのような形になっています。あの曲線がクロソイドです。クロソイドは最初、直線から始まり、先に進むほど、曲がり方がきつくなっています。実際、高速道路のインターチェンジでも、最初のカーブは緩やかですが、徐々にきつくなっていきますよね。それは、クロソイドにすることで、運転手は一定の速度かつ一定の割合でハンドルを切ることができるからなのです。それにより、運転がしやすくなるため、運転手のストレ

人に優しい曲線

クロソイド

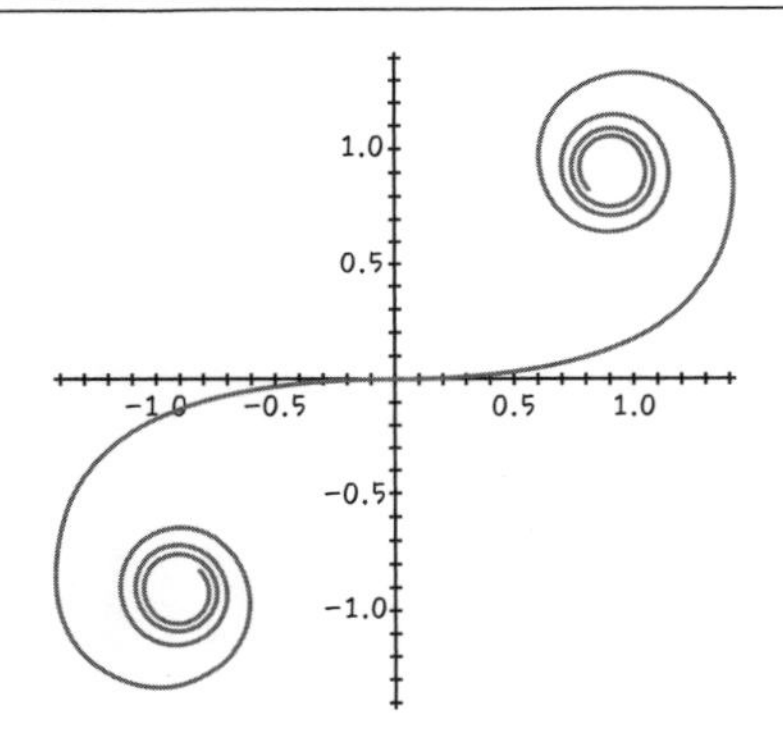

クロソイドを利用した高速道路

スを最低限に抑えることができるうえ、乗っている人にとっても乗り心地のよさを確保することができているのです。そのため、**クロソイドは「人に優しい曲線」や「安全曲線」とも言われています。**

クロソイドを世界で初めて高速道路に導入したのは、ドイツのアウトバーンで、第一次世界大戦後のことでした。日本では、１９５２年に、国道17号の三国峠付近で初めて導入されたそうです。三国峠には現在でも、「クロソイド曲線碑」と呼ばれる記念碑が建っており、その記念碑には、「三国峠の国道は小半径の曲線が連なる山岳道路のため、車両が安全かつ快適に走行できるように、道路の直線部と曲線部の間に、緩和区間としてクロソイド曲線を日本で初めて設置した（抜粋）」と記されているそうです。

実は身近で使われている「微分積分」

「微分」を使えば未来を予測できる

自動車には、速度メーターが搭載されていて、走行中の速度がリアルタイムに表示されますよね。たとえば、「時速60㎞」といった場合、「1時間に60㎞の速度で走行している」という意味ですが、なぜ、1時間走行したわけでもないのに、速度がわかるのでしょうか？　考えてみると不思議ですよね。実はこれは、**高校の数学で習う「微積分法」のうちの「微分法」を使っている**のです。

まずは、そもそも微分法とは何かという説明から始めることにしましょう。

16世紀のヨーロッパにタイムスリップします。当時、ヨーロッパでは、各国同士が戦争を繰り返していました。その中で、大砲を相手に命中させるため、砲弾は一体どのように飛んでいくのか、その軌跡の研究が盛んに行われていました。この問いに答えを出したのが、ガリレオ・ガリレイでした。飛ばした砲弾は、重力によって地面に向かって落ちていきますよね。ガリレオ・ガリレイは、砲弾の進む速度を、重力を受ける下向きの速度と、まっすぐに飛んでいく水平方向の速度との2つに分けて考えました。そして、水平方向の速度は変わらない一方で、下向きの速度のみが、時間の経過とともに変化していくことに気づきました。最初は上向きだった速度が徐々に遅くなり、遂に0になり、その後は、下向きの速度が徐々に速くなっていくことを発見したのです。

その後、17世紀に入り、フランスの数学者で哲学者のルネ・デカルト（1596〜1650）が、「座標」を考案したことなどにより、砲弾が描く軌跡は、二次関数のグラフで表すことができることがわかりました。そのため、二次関数が描く曲線は「放物線」と呼ばれています。さらに、**砲弾が描く軌跡を二次方程式のグラフで表せるようになったことで、砲弾がどれくらい先に落ちるのかが、計算によって導き出せるようになりました。**

一方で、当時の数学者たちは、刻々と変化し続けている砲弾の速度を、計算によって導き出したいと考えるようになりました。このような中、二次関数が描く曲線に、ある1点だけで接する直線の式を求めることができれば、その直線の傾きが、その瞬間の速度を表すということがわかってきました。この直線のことを「接線」と言います。そして、接線を求める新たな手法こそが、微分法だったのです。つまり、**微分法とは、動いている物体のある瞬間の速度を求めること**です。そして、この微分法を作り上げたのが、天才科学者アイザック・ニュートンでした。彼は1665年、わずか23歳という若さで、微分法を編み出したのです。

さて、微分法が何かがわかったところで、最初の自動車の速度メーターの話に戻りましょう。平面座標の縦軸に移動距離、横軸に移動時間をとり、移動距離と移動時間の関係を表すグラフを描いていくとします。このとき、グラフのある1点に接する接線の傾きが、自動車のそのときの速度を表していることになります。

一方、自動車のタイヤには、回転を検出するセンサーがついていて、1回転で、何回信号が出るかが決まっています。速度が速くなれば、信号と信号の間隔が短くなり、遅くなれば長くなります。タイヤ1回転で進む距離は一定ですが、速度は絶えず変化しているので、回転信号の間隔も変化しています。そこで、自動車では搭載されたコンピューターを使って、瞬間瞬間の信号の間隔を元に分析することで、速度を計算し速度メーターに表示しているというわけです。このように**微分の考え方を使えば、未来を予測することができる**のです。

なぜ、電子体温計は「30秒」で予測できるのか？

また、**身近なところでは、「電子体温計」にも微分法が使われています。**電子体温計には、実測式と予測式の2種類があります。実測式は体温の測定に5分から10分程度かかるのに対して、予測式は30秒もかからずに測定することができてしまいます。一体どのような仕組みで測定しているのでしょうか。予測式とは、その名の通り、**測り始めてからの変化をもとに、10分後はどうなっているかを、微分法を使って計算によって予測している**のです。

まず、電子体温計を脇に挟むと、電子体温計の先端に取りつけられたセンサーが体温によって温められていきます。通常、冷たいものを温かいものに当てると、冷たいものの温度はすぐに上がりますが、常温のものを温かいものに当てても、温度はなか

電子体温計と微分法

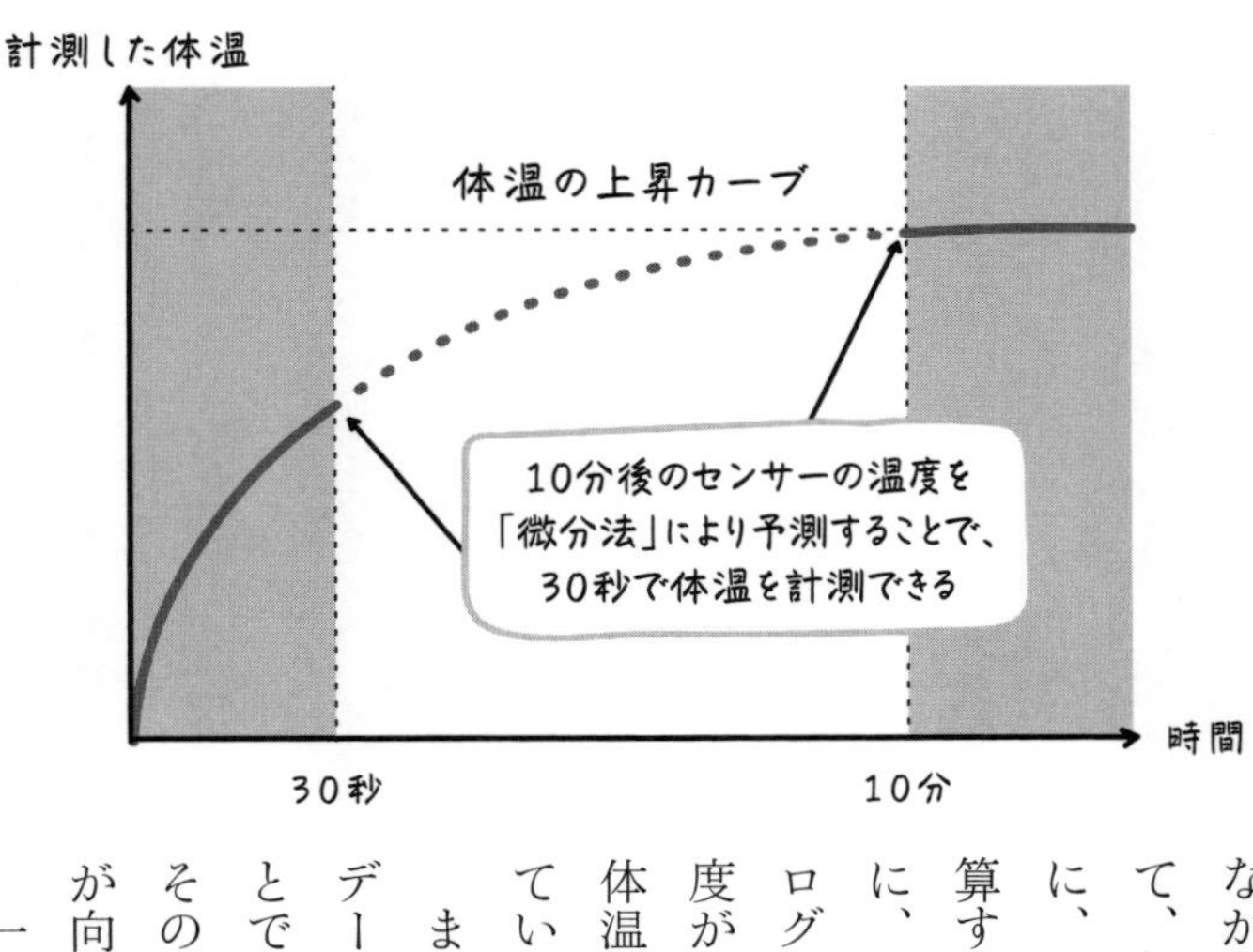

なか上がりません。これは、温度差によって、熱が伝わる速度が異なるからです。逆に、熱が伝わる速度によって、温度差を逆算することができます。電子体温計には中に、微分方程式と呼ばれる方程式を解くプログラムが内蔵されていて、センサーの温度が上がる速度を算出し、それをもとに、体温が何度で落ち着くか、10分後を予測しているのです。

また、過去に実際に計測したたくさんのデータに基づき、統計的に値を予測することで、予測精度を高める工夫もしています。そのため、予測式電子体温計は、常に性能が向上し続けています。

一方、微分法と逆の関係にあるのが、「積

分法」です。積分法についても説明していきましょう。１６６５年に微分法を創始したニュートンは、積分法の研究も始めました。微分法が曲線の接線の傾きを求める（物体の速度を求める）方法であるのに対し、**積分法は、直線や曲線に囲まれた領域の面積を求める方法**です。

先ほど紹介した自動車の速度は、移動時間と移動距離の関係を表したグラフのある1点における接線の傾きであり、接線の方程式は、グラフを表す方程式を微分することで得ることができるということを説明しました。

それに対し、座標の縦軸に速度、横軸に時間をとってグラフを表した場合、そのグラフを積分する、すなわち、グラフと横軸によって囲まれた領域の面積を求めることで、その面積は、自動車の移動距離になります。つまり、距離を微分すると速度を求めることができ、速度を積分すると距離を求めることができるわけです。少し難しいかもしれませんが、**微分法と積分法は逆の関係にある**ことをわかってもらえれば大丈夫です。

実は、微分法に比べて積分法の歴史は古く、古代ギリシャ時代にさかのぼります。三角形や四角形など直線で囲まれた領域の面積を求めるのは、あまり難しいことではありませんよね。しかし、曲線で囲まれた領域の面積を求めるのは、簡単なことではありません。そこで、古代ギリシャの数学者で物理学者のアルキメデス（紀元前287頃～紀元前212頃）が、「取りつくし法」と呼ばれる方法を編み出しました。取りつくし法とは、放物線の内側を無数の小さな三角形で埋め尽くし、その三角形の面積の総和を求めることで、間接的に放物線の内側の面積を求めるという方法です。この、**「無限に小さい部分に分けて、それを足す」という考え方が、積分法の出発点となりました。**

そして、その後、約1800年もの歳月を経て、アルキメデスの考え方を天文学に応用したのが、ドイツの天文学者ヨハネス・ケプラー（1571～1630）でした。さらに、17世紀、ガリレオ・ガリレイの弟子のボナヴェントゥーラ・カヴァリエリ（1598～1647）が、「面」を無限に細かく分割していくと「線」になり、「立体」を無限に細かくしていくと「面」になることに気づき、「カヴァリエリの原理」を提唱しました。この考え方をもとに、その後、さまざまな数学者が積分法という形で発展させていったのです。

しかしながら、どれも計算の仕方が面倒で、正確さに欠けるという課題を抱えていました。それを一気に解決したのが、微分法に次いで、積分法を研究していたニュートンだったのです。ニュートンはそれまで、別々に研究されていた微分法と積分法が、実は逆の関係にあることに気づきました。これは、数学の歴史における大発見でした。ニュートンのこの大発見により、微分法と積分法は微積分として統一され、「解析学」という数学の一分野となったのです。ちなみに、微積分には、ニュートン以外にもう一人、発見者がいました。ドイツの哲学者で数学者のゴットフリート・ライプニッツです。彼は１６７５年に微積分法を発見し、１６８４年に本として出版しました。ニュートンに10年遅れての発見だったのです。一方、ニュートンは秘密主義で、彼が微分法のアイデアを公表したのは、１６６５年から約40年後の１７０４年のことでした。そのため、微積分法の発見をめぐって、ニュートンとライプニッツは激しい対立を繰り広げました。しかし、１６９９年に、ニュートンの支持者がライプニッツに盗用という濡れ衣を着せました。１７１３年、イギリスの王位協会も微積分法の発見者はニュートンと認定したことから、ライプニッツは疑惑が晴れないまま、１７１６年に亡くなってしまったのです。

「桜の開花予想」は「積分法」で算出できる

さて、微分法同様に、今や積分法もあらゆる分野において不可欠なものとなっています。たとえば、身近なものとしては、春になると出される「桜の開花予想」が挙げられます。桜の開花予想は、積分法を使って導き出すことができます。

桜の開花が気温と密接に関係していることは、日本では誰もが知っていることだと思いますが、「400℃の法則」や「600℃の法則」と呼ばれるものをご存じでしょうか。400℃の法則とは、**「2月1日からの日々の平均気温を足して、400℃に達した頃に桜が開花する」**というもの、また、600℃の法則とは、**「2月1日からの日々の最高気温を足して、600℃になる頃に桜が開花する」**というものです。

ここで、たとえば、600℃の法則に基づき、桜の開花日を予測するとします。まず、2月1日から、その日の最高気温を記録していきます。そして、縦軸に最高気温、横軸に日にちをとり、グラフにしていきます。このとき、グラフの値を足し合わせていき、その累計が600℃に達した頃に、桜が開花すると予想されるというわけです。

桜の開花予想と「積分法」

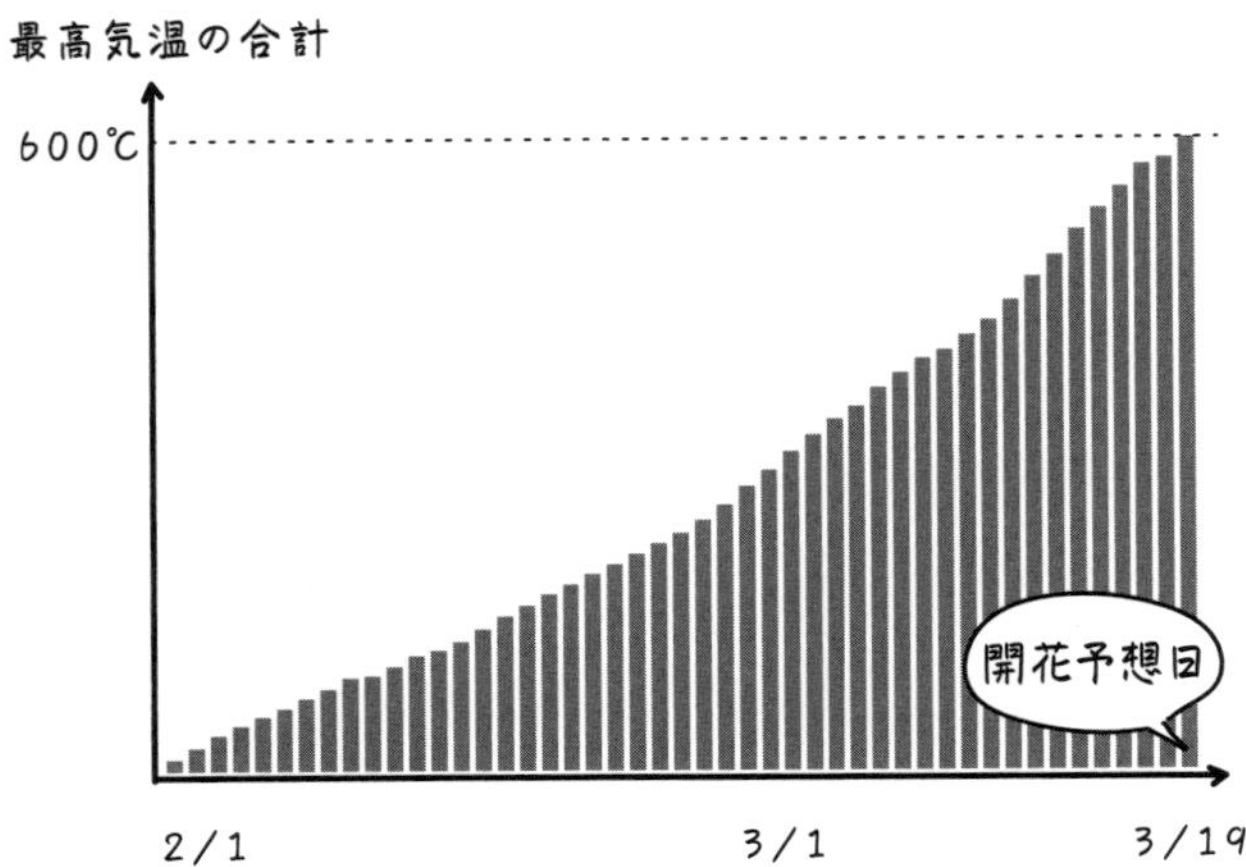

ここで、グラフの値を足し合わせていくということは、すなわち、このグラフを積分するということです。実際のところ、桜の開花には気温以外にもさまざまな要因が含まれるため、ここまで単純ではなく、現在、民間気象会社が各社で独自に計算式を作り、独自の開花予想を発表しているようです。

しかし、基本的には積分が使われているということです。なお、**桜同様に、セミなどの昆虫も、ある一定の温度（これを「発育限界温度」と言います）以上になった日数を積算している**そうです。これを「有効積算温量」といい、この値がある値を超えると孵化（ふか）や羽化を始めるそうです。桜も昆虫も積分をしていたのですね！

個人情報は「素因数分解」で守られている

「暗号技術」の歴史は紀元前から

今やインターネットは私たちにとって欠かせないものであり、水や電気と同じくらい重要な生活インフラになっています。

しかし、インターネット上を飛び交う情報が、簡単に第三者に盗まれるようでは、私たちは安心してメールのやり取りをしたり、ネットショッピングを楽しんだりすることができませんよね。そのため、情報を伝えるデジタルデータを暗号化して、悪意のある第三者が盗めないようにしています。データを暗号化して第三者が読めないようにする技術を「暗号技術」と言います。これまで、さまざまな暗号技術が開発されてきました。

実は、**暗号技術の歴史は古く、紀元前の２０００年以上も前にさかのぼります。**最も古い暗号は「シーザー暗号」と呼ばれるものでした。その名の通り、古代ローマ時代のユリウス・カエサル（紀元前１００頃〜紀元前44頃）が考案したと言われています。シーザー暗号とは、３つの文字を法則に従って変換するといった単純なものです。たとえば、「いちご」という情報を送るとします。このとき、あいうえお順にそれぞれ3文字ずつずらすといった操作をします。「い」は「お」に、「ち」は「と」に、「ご」は「ず」に変換して、「おとず」という情報として送るのです。

このとき、情報を受け取る側は「情報は3文字ずつずらされている」ということを知っていれば、「いちご」だと解読できます。しかし、この情報を盗もうという者が現れたとしても、３文字ずつずらされているという法則を知らなければ、「おとず」という言葉が「いちご」を意味しているとはわかりません。

とはいえ、この法則はとても簡単なので、すぐに見破られてしまいます。そのため、これまでさまざまな暗号技術が発明されてきました。**暗号技術は、暗号の作成者と暗号の解読者との何世紀にもわたる攻防によって発展してきた**のです。

私たちのデータを守る「ＲＳＡ暗号」

近年、デジタルデータのやり取りによく使われてきたのが「共通鍵暗号」です。これは、暗号化と復元に共通の鍵を使う暗号技術です。鍵とは、暗号を解くためのもので、基本的には、鍵を共有した者同士しかデータを復元することができません。

一方、**現在、主流となっているのが「ＲＳＡ暗号」と呼ばれる暗号技術で、メールのやり取りやネットショッピングなど幅広く使われています。**ＲＳＡ暗号では、共通鍵暗号ではなく「公開鍵暗号」が使われています。これは、暗号化と復号に別の鍵を使い、暗号化のほうの鍵を公開できるようにした暗号技術です。共通鍵暗号では、鍵を受け渡す際に盗まれてしまうリスクがあります。また、共通鍵を秘匿で受け渡すにはコストもかかります。そのため、一般の人が共通鍵暗号を使ってデータを授受するのはハードルが高いのです。その問題を解決したのが、公開鍵暗号です。公開鍵暗号の場合、暗号鍵がわかったところで、解読することが現実的に困難なことから、公開されているのです。

そして、ＲＳＡ暗号では、**素因数分解の難しさ**を利用しています。巨大な素数同士のかけ算を行い、その値を暗号鍵として公開しているのですが、元の素数を割り出すには、スーパーコンピューターをもってしても、解読するには何百年もかかるため、現実的には解読困難というわけです。

みなさんは、細田守監督のアニメ映画『サマーウォーズ』を観たことがあるでしょうか。この映画の中では、主人公の小磯健二君が鼻血を流しながら、解読した暗号を使ってコンピューターにログインする場面が出てきます。これは、健二君がスーパーコンピューターでも計算が不可能な巨大な数を素因数分解したということになります。しかしこれはあくまでも映画の中の話であって、現実世界ではいくら天才的な頭脳の持ち主であっても不可能なのです。

ちなみにみなさんは、超難問「フェルマーの最終定理」という名前を聞いたことがあるでしょうか。フェルマーの最終定理は、「フェルマーの大定理」とも呼ばれる定理で、フランスの裁判官で数学者のピエール・ド・フェルマー（１６０１〜１６６５）が予想し、フェルマーの死後、約３３０年経った１９９５年に証明されたことで有名です。ここで、１つ気づくことがあるかと思います。「フェルマーの大定理があるということは、フェルマーの小定理もあるということなのか？」と。その考えは大正解です。フェルマーは、小定理と呼ばれる素数に関する定理も予想しており、この**フェルマーの小定理が、RSA暗号のもととなっている**のです。フェルマーの小定理は、ニュートンと並び、「微積分法」を創始した数学者の一人であるドイツのゴットフリート・ライプニッツが証明したとされています。長年、素数の研究は、実社会において役立つものになるとは思われていませんでした。しかし、RSA暗号は、今では私たちの生活を支える不可欠なものとなっています。フェルマーも、自分の研究が現代社会をこのような形で支えることになろうとは夢にも思っていなかったことでしょう。これが数学の興味深いところであり、科学の醍醐味(だいごみ)でもあると私は思っています。

RSA暗号を破る量子コンピューター

一方で、現在「量子コンピューター」の研究開発競争が、国内外で盛んに進められています。量子コンピューターとは、原子や電子などの「量子」の性質を利用して情報処理を行うコンピューターです。もし、これが実用化されれば、RSA暗号は使えなくなると言われています。１９９４年にアメリカの数学者ピーター・ショア（１９５９〜）が量子コンピューター向けに開発した「ショアのアルゴリズム」と呼ばれるアルゴリズムがあり、これを使えば、どんなに巨大な素数同士のかけ算であっても、素因数分解が簡単にできてしまうことが、数学的に証明されているからです。

また、その他の公開鍵暗号としては、「楕円曲線暗号」があります。これは「代数幾何学」と呼ばれる数学を利用したもので、１９８５年に発明されました。代数幾何学は、私が尊敬するドイツ出身のフランス人数学者であるアレクサンドル・グロタンディーク（１９２８〜２０１４）が、１９５０年代後半から１９６０年代にかけて大きな貢献を果たした分野です。ただし、楕円曲線暗号も残念ながら、ショアのアルゴリズムを使えば、解読可能だと言われています。とはいえ、現在の量子コンピューターは実用化にはまだまだ程遠いことから、**ショアのアルゴリズムを使って、ＲＳＡ暗号や楕円曲線暗号が解読されるまでには、10年以上はかかるだろう**と言われています。

「統計学」でデータを正しく分析する

「確率論」とともに発展した「統計学」

高校の数学では、「確率」と並んで「統計」を勉強します。いずれも基礎知識を身につけておけば、直感や当てずっぽうに頼ることなく合理的な判断ができるようになります。確率は統計の基礎となる分野です。確率がまだ起きていない未来を、数学に基づき予測する分野であるのに対し、**統計を扱う学問である「統計学」は実際の世界で起こった出来事などを調査して数値化したりデータ化したりして、それをもとに数学的に分析する分野**です。

120ページでも、保険会社では、確率論が重要という話をしましたが、統計学も確率論と同じくらい重要であり、「アクチュアリー」と呼ばれる数学に関する専門職の人が活躍しています。保険および保険数学の歴史は、統計学の歴史とも密接に関係しているのです。

統計学は、確率論同様に17世紀頃に始まりました。統計学の創始者の一人が、イギリスの裕福な商人であったジョン・グラント（１６２０〜１６７４）です。彼は、ロンドンの教会に埋葬された死者の記録を調べ上げ、丹念に分析しました。そして、出生、婚姻、死亡に関する集団的な法則性を発見し、１６６２年に『死亡表に関する自然的および政治的諸観察』という著書を出したのです。この中で、グラントは、１００人当たり36人が６歳以下で死亡することなどを明らかにしました。その後、多くの学者が確率論とともに統計学の方法論を発展させていったのです。

たとえば、ハレー彗星（すいせい）の軌道計算で有名なイギリスの天文学者で数学者、地球物理学者のエドモント・ハレー（１６５６〜１７４２）は、１６９３年に世界初の「生命表」を論文の中で示しました。これは、出生から各年齢になるまでの生存の割合を推定したものです。この生命表からは、平均年齢を計算することができます。ハレーはさらに生命表に基づき、生命保険の年齢別掛け金の考え方や、年金に関する価値評価に関する計算式を考案し、現在の保険事業や年金運営の基礎を築いたそうです。イギリス政府が購入者の年齢に応じた適切な価格で、年金サービスを供給することができるようになったのは、ハレーの功績によるものです。そのため、今ではハレーのこれらの功績は人口統計学の歴史における重要な出来事として位置づけられています。

その後、統計学はさまざまな科学の重要な基盤となっていきました。

選挙の出口調査は何人に行えばいい？

たとえば、**統計学が私たちの生活に役立つ身近な例としては、選挙速報があります。**開票率数%にもかかわらず、「当選確実」と出るのはなぜなのかと疑問を感じる人も多いのではないでしょうか。その1つが、出口調査を行っているからです。選挙会場に行くと、外に人がいて調査をしていますよね。あれが出口調査です。

たとえば、20万人の有権者がいて、1000人に出口調査をしたとします。このとき、A氏に投票したという人が600人だったとします。とはいえ、その地域は、A氏を支持する有権者が多い地域かもしれませんから、これだけで「A氏当選確実」という判断を下すことはできませんよね。

また、同じ場所で、同じような年齢層の人ばかりに聞いたのでは、情報に偏りがあって、全体像を捉えることができません。

そもそも、何人に出口調査を実施すればよいのでしょうか。１人ではダメに決まっていますよね。一方で、20万人全部に聞けば、結果は確実にわかりますが、それでは、選挙結果を開票していることと同じです。

つまり、人数が多ければ多いほど予測精度は高まりますが、できる限り最少の人数で高い精度で予測したいわけです。

このようなときに用いるのが統計学の「標本調査」の考え方です。**標本調査とは、全体（母集団）から一部の標本（サンプル）を抜き出して調査すること**です。選挙速報の出口調査はまさに標本調査というわけですが、標本調査はあくまで一部の標本を調べたものなので、必ず誤差（標本誤差）が生じますよね。そこで、統計学では「どの程度までの誤差を許容するかを決め、それに対して、必要なサンプル・サイズ（標本調査で調べるサンプル量）を算出する計算式に当てはめる」ことで、サンプル・サイズを求めることができるのです。これは、もちろん選挙以外にも、工場での製品の品質調査などさまざまなものに対して適用可能です。

ます。

統計データの盲点を突いた「ゲリマンダー」

ところで、統計学に関しては、よく「統計データに騙(だま)されるな」と言われると思います。

昔、アメリカにエルブリッジ・ゲリー（1744〜1814）という政治家がいました。彼は1776年のアメリカ独立宣言および連合規約の署名者の一人で、その後、マサチューセッツ州の知事に就任しました。しかし、彼は1812年の選挙で、特定の政党や候補者に有利になるように選挙区を不当に設定したことから、現在では、特定の政党が有利になるように選挙区を不当に設定することを「ゲリマンダリング」や「ゲリマンダー」と呼んでおり、その語源となった人物として有名です。ゲリマンダーとは、自党の候補者が最小限の得票数で当選し、反対党ができるだけ多数の死票が出るように選挙区を設定することや、自党を有利にするために身勝手な操作をすることを意味します。ゲリマンダーと呼ばれているのは、そのときの選挙区割りが、「サラマンダー」という火の中に住む伝説のトカゲに似た不自然な形をしていたからだそうです。

ゲリーは、この選挙区の不当な設定により、アメリカ合衆国憲法の草案の賛成者たちに惨敗をもたらしました。これは一種の統計データを自分に有利なように見せた統計データの罠と言えるでしょう。元来、**統計データには、ランダム性が保証されていないと意味がありません。**その点において、ゲリマンダーは統計データの盲点を巧みに突いたものだったわけです。ちなみに、日本でも１９５６年に同様の事件が起きています。当時鳩山一郎内閣が憲法改正に必要な議員を確保するため、小選挙区制区割り法案を国会に提出したのですが、この法案は自党に有利になるように、非常に不自然な形の選挙区が含まれていたことから「ハトマンダー」と呼ばれ、廃案となったそうです。

なお、今後はＩＣＴによる選挙の実施が予想される中、「デジタル・ゲリマンダー」と呼ばれる手法が懸念されているそうで、新たな規制が考えられているようです。

たとえば、統計学の分野に、「信頼区間」という考え方があります。これは、母集団の統計量（真の値）が、ある確率で収まる範囲のことです。統計量とは、実際に調べた真の値であり、真の値が本当にその範囲に収まる確率、すなわち、信頼区間が的

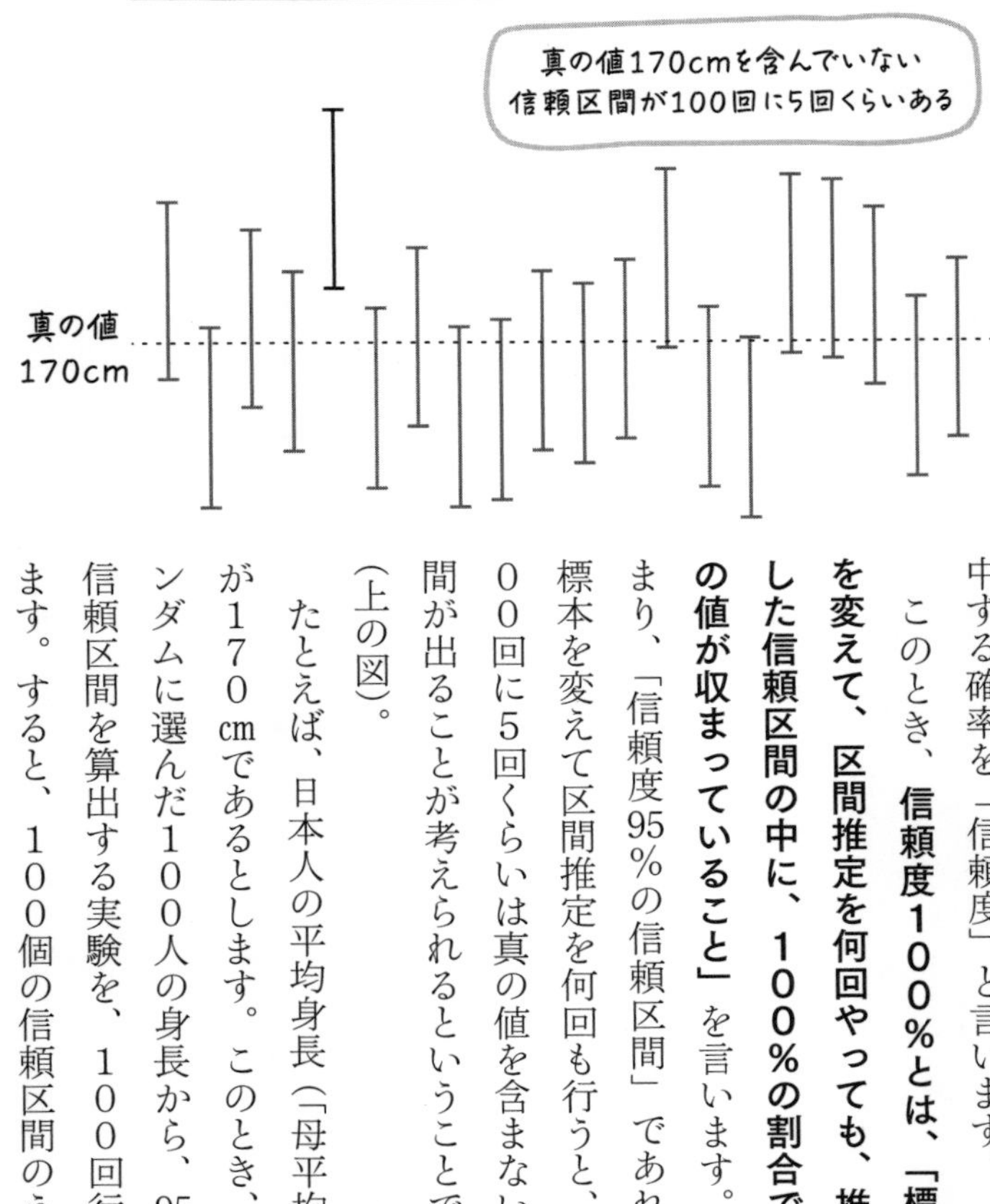

中する確率を「信頼度」と言います。

このとき、**信頼度100％とは、「標本を変えて、区間推定を何回やっても、推定した信頼区間の中に、100％の割合で真の値が収まっていること」**を言います。つまり、「信頼度95％の信頼区間」であれば、標本を変えて区間推定を何回も行うと、100回に5回くらいは真の値を含まない区間が出ることが考えられるということです（上の図）。

たとえば、日本人の平均身長（「母平均」）が170㎝であるとします。このとき、ランダムに選んだ100人の身長から、95％信頼区間を算出する実験を、100回行います。すると、100個の信頼区間のうち、

5個くらいは母平均である170cmを含まない範囲になっていると考えられるということです。

統計とは、本来、何かの値を調べるためのものです。たとえば、ある島にいる蝶が、「他の場所にいる同じ種類の蝶よりも大きい」ということを言いたいとします。

同じ種類でも、蝶の大きさには、多少ばらつきがありますね。そこで、ある島にいる蝶の大きさをいくつか調べて、平均値を算出したとします。その時、他の場所にいる同じ種類の蝶の大きさの平均値よりも大きければ、「その島にいる蝶は大きい」と単純に言えるのかという話です。その島の蝶の大きさをすべて調べて、平均値を出したのであれば言えるかもしれませんが、実際にはそんなことは困難ですよね。したがって、調べた蝶がたまたま大きかったのか、本当に大きいのかはわかりません。そこで、統計学を使うというわけです。

統計学は難しい分野ではありますが、研究が盛んで、近年、発展の最も目覚ましい分野の1つでもあります。**統計学の発展により、実験や観測、調査によって得られたデータを数学的により正しく解釈できるようになった**という点で、非常に興味深く、気になった人はぜひ勉強してみてください。

「血液型の謎」を数学で解き明かす

数学者は血液型占いがお嫌い？

突然ですが、みなさんは血液型占いを信じますか？　代表的なＡＢＯ血液型には、A型、B型、O型、AB型の４通りあるので、男女の血液型の組みは、男性がA型で女性もA型、男性がA型で女性はB型……といった具合に考えていくと、４×４＝16パターンあることがわかります。血液型占いでは、よく相性ランキングのベスト３やワースト３などが紹介されているので、好きな相手との相性を調べて一喜一憂している人も多いのではないでしょうか。このような血液型占いの背景には、たとえば、「B型の男性は高いセンスをもっているけれど、マイペース」や「O型の女性は世話好きだけど、嫉妬深い」といった考え方があります。

しかし、数学者の中で血液型占いを信じている人はあまりいないでしょう。数学者は占いに興味がないリアリストしかいないから……というわけではなく、**血液型の決まり方は「確率」を使って説明できる**からです。

血液型と「確率」の関係

父親の血液型と母親の血液型によって生まれてくる子どもの血液型は、生物学的に決まってきます。たとえば、私の両親の血液型はともにB型です。私には妹が1人いますが、私も妹も血液型はともにO型です。この意味を、数学の確率を使って説明しましょう。

まず、A型とB型の人にはそれぞれ2通りの遺伝子型があります。A型であれば、AA型とAO型、B型であればBB型とBO型です。一方、AB型の人の場合は、AB型の1通り、O型の人の場合もOO型の1通りとなります。AとBは優性遺伝、O型は劣性遺伝なので、AO型の場合はA型に、BO型の場合はB型になるのです。すなわち、**血液の遺伝子型は、AA、AO、BB、BO、AB、OOの6種類ある**わけです。

したがって、私の両親はまず、BB型かBO型のいずれかということになります。ここで、父親も母親もBB型だと仮定しましょう。子どもは両親から遺伝子を1つずつ引き継ぐので、生まれてくる子どもはすべてBB型、すなわちB型になりますよね。では、父親と母親がBB型とBO型の組み合わせだった場合、生まれてくる子どもの血液型はどうなるでしょうか。組み合わせとしては、2×2＝4通りが考えられますが、同じ組み合わせをまとめると、BB型とBO型がそれぞれ2通りずつになるので、生まれてくる子どもの血液型はすべてB型になります。

さらに、父親と母親がBO型とBO型の組み合わせだった場合、組み合わせとしては、BB型が1通り、BO型が2通り、OO型の1通りになります。したがって、生まれてくる子どもの血液型はB型（BB型とBO型）とO型（OO型）の2通りになります。ここで注目してほしいのが、その確率です。B型の子どもの組み合わせは4通り中の3通り、O型の子どもの組み合わせは4通り中の1通りですから、全てのパターンが同じ確率だと仮定すると、B型の子どもが生まれる確率は75％、O型の子どもが生まれる確率は25％です。つまり、**私の両親の血液型はともにBO型であり、私と妹の両方がO型になる確率は6・25％（25％×25％）しかない**のです。

私は、自分と妹が両方ともO型なのは結構レアなケースなのだと知って、なんとなくうれしかったことを覚えています。みなさんも両親の血液型を元に、自分や兄弟の血液型がどのタイプなのか考えてみてください。意外な発見があるかもしれませんよ！

世代交代しても数学的には比率は一定

このように、血液型の遺伝は、厳密な生物学的な規則に従っているわけですが、ここで、世代交代を繰り返していくとどうなっていくかについて考えてみましょう。

まずは、AA：AO：BB：BO：AB：OOの人口の比率が1：1：1：1：1：1と、偏りがない理想のケースを考えてみます。ただし、A型：B型：AB型：O型＝AA＋AO：BB＋BO：AB：OO＝2：2：1：1と、偏りがあることに注意しましょう。

ここで、各遺伝子型の夫婦を第1世代とし、すべての遺伝子の組み合わせ（2×2＝4パターン）の子どもを4人産んだとします。このとき、第2世代である4人の子どもたちの遺伝子型がどのようになるかを示したものが次ページの図になります。実際、

血液型の次世代比率

第2世代

		A				B				AB		O	
		AA		AO		BB		BO		AB		OO	
A	A	AA	AA	AA	AO	AB	AB	AB	AO	AA	AB	AO	AO
	A	AA	AA	AA	AO	AB	AB	AB	AO	AA	AB	AO	AO
	A	AA	AA	AA	AO	AB	AB	AB	AO	AA	AB	AO	AO
	O	AO	AO	AO	OO	BO	BO	BO	OO	AO	BO	OO	OO
B	B	AB	AB	AB	BO	BB	BB	BB	BO	AB	BB	BO	BO
	B	AB	AB	AB	BO	BB	BB	BB	BO	AB	BB	BO	BO
	B	AB	AB	AB	BO	BB	BB	BB	BO	AB	BB	BO	BO
	O	AO	AO	AO	OO	BO	BO	BO	OO	AO	BO	OO	OO
AB	A	AA	AA	AA	AO	AB	AB	AB	AO	AA	AB	AO	AO
	B	AB	AB	AB	BO	BB	BB	BB	BO	AB	BB	BO	BO
O	O	AO	AO	AO	OO	BO	BO	BO	OO	AO	BO	OO	OO
	O	AO	AO	AO	OO	BO	BO	BO	OO	AO	BO	OO	OO

第3世代

		A						B						AB		AB		O	
		AA		AO		AO		BB		BO		BO		AB		AB		OO	
A	A	AA	AA	AA	AO	AA	AO	AB	AB	AB	AO	AB	AO	AA	AB	AA	AB	AO	AO
	A	AA	AA	AA	AO	AA	AO	AB	AB	AB	AO	AB	AO	AA	AB	AA	AB	AO	AO
	A	AA	AA	AA	AO	AA	AO	AB	AB	AB	AO	AB	AO	AA	AB	AA	AB	AO	AO
	O	AO	AO	AO	OO	AO	OO	BO	BO	BO	OO	BO	OO	AO	BO	AO	BO	OO	OO
	A	AA	AA	AA	AO	AA	AO	AB	AB	AB	AO	AB	AO	AA	AB	AA	AB	AO	AO
	O	AO	AO	AO	OO	AO	OO	BO	BO	BO	OO	BO	OO	AO	BO	AO	BO	OO	OO
B	B	AB	AB	AB	BO	AB	BO	BB	BB	BB	BO	BB	BO	AB	BB	AB	BB	BO	BO
	B	AB	AB	AB	BO	AB	BO	BB	BB	BB	BO	BB	BO	AB	BB	AB	BB	BO	BO
	B	AB	AB	AB	BO	AB	BO	BB	BB	BB	BO	BB	BO	AB	BB	AB	BB	BO	BO
	O	AO	AO	AO	OO	AO	OO	BO	BO	BO	OO	BO	OO	AO	BO	AO	BO	OO	OO
	B	AB	AB	AB	BO	AB	BO	BB	BB	BB	BO	BB	BO	AB	BB	AB	BB	BO	BO
	O	AO	AO	AO	OO	AO	OO	BO	BO	BO	OO	BO	OO	AO	BO	AO	BO	OO	OO
AB	A	AA	AA	AA	AO	AA	AO	AB	AB	AB	AO	AB	AO	AA	AB	AA	AB	AO	AO
	B	AB	AB	AB	BO	AB	BO	BB	BB	BB	BO	BB	BO	AB	BB	AB	BB	BO	BO
	A	AA	AA	AA	AO	AA	AO	AB	AB	AB	AO	AB	AO	AA	AB	AA	AB	AO	AO
	B	AB	AB	AB	BO	AB	BO	BB	BB	BB	BO	BB	BO	AB	BB	AB	BB	BO	BO
O	O	AO	AO	AO	OO	AO	OO	BO	BO	BO	OO	BO	OO	AO	BO	AO	BO	OO	OO
	O	AO	AO	AO	OO	AO	OO	BO	BO	BO	OO	BO	OO	AO	BO	AO	BO	OO	OO

数えてみると、子どもの遺伝子型の比率は次の通りになりました。

AA：AO：BB：BO：AB：OO＝16：32：16：32：32：16＝1：2：1：2：2：1。したがって、A型：B型：AB型：O型＝3：3：2：1となります。

さらに、第2世代の子どもが同様に、すべての遺伝子の組み合わせの子どもを4人産んだとし、第3世代の子どもの遺伝子型の比率がどうなるかを数えてみます。すると、AA：AO：BB：BO：AB：OO＝36：72：36：72：72：36＝1：2：1：2：2：1、すなわち、A型：B型：AB型：O型＝3：3：2：1となります。驚くべきことに、第2世代と第3世代の血液型の比率はまったく同じなのです！　つまり、**血液型の比率は、今後、何世代にもわたり世代交代が進もうとも、すべての遺伝子の組み合わせの子どもを4人産むという条件の下では、一定である**ということです。

人類はO型しかいなかった⁉

さて、以上が数学的な考察です。しかし実際のところ、国などによって血液型の比率に大きな偏りがあります。現在の日本人のそれぞれの血液型が占める割合は、A型

39%、O型29%、B型22%、AB型10%になっています。つまり、A型：B型：AB型：O型＝4：2：3：1であり、先の計算結果とは異なります。しかも、この比率は国によって大きく異なります。たとえば、アメリカの白人の場合、O型が45%と最も多く、次いでA型42%、B型10%、AB型3%です。また、メキシコはO型が84%と大半を占め、A型11%、B型4%、AB型1%と続きます。一方、フランスはA型47%、O型43%、B型7%、AB型3%となっています。

なぜ、血液型の比率が一定になっていないかというと、過去に感染症などで人口が極端に減るといった偶然の変動（遺伝的浮動）が起きたことで、集団内に偏りが生まれたからだと考えられます。

このような偏りがあるからなのか、海外には血液型と人の性質を結びつける考え方はなく、血液型占いも血液型による性格診断も存在しません。そもそも自分の血液型を知らない人も多いそうです。

Chapter

4

天才？変人？「数学者たち」の話

偉人ピタゴラスの「裏の顔」

ピタゴラス
生没年：紀元前582頃～前496頃／出身：ギリシャ

この章では、私が尊敬する数学者たちの偉業と、ちょっと変わったエピソードを紹介していきます。今なお輝き続けるような研究結果を残した数学者たちの中には、どこか浮世離れしているところがある人もいました。そういう人は「変人」とも称されることがあります。彼らのすばらしい業績とともに、変人っぷりを紹介することで、彼らの人間味も感じてくれたらいいなと思っています。

ピタゴラスは、言わずと知れた「ピタゴラスの定理」で有名な古代ギリシャの数学者です。彼は紀元前530年頃に、イタリア南部のクロトンという町で、**彼の思想に共鳴する多くの弟子とともに、「ピタゴラス教団」という集団を立ち上げました。**2

500年も前のことなので、現代に置き換えて考えることはできませんが、ピタゴラスは、「数秘術」を提唱するなどかなりスピリチュアルな人であり、ピタゴラス集団は一種の宗教団体のようなものだったと予想されます。

信者数は数百人にのぼり、数学のほか天文学や哲学、宗教、音楽などについて研究していたようです。

ピタゴラスと言えば、ピタゴラスの定理が最も有名ですが、ピタゴラスは他にも三角形の内角の和が180度になることを証明したり、正多面体（すべての面が合同な正多角形で囲まれ、すべての頂点のまわりの面角が等しい立体）は、正四面体、正六面体、正八面体、正十二面体、正二十面体の5種類しかないことなどを発見しています。

数学と音楽の関係も発見

また、ピタゴラスは、音と整数との深い関係についても大きな発見をしています。

彼は色々な長さの弦を使って実験し、音が1オクターブ上がるごとに弦の長さが半分になっていくこと、つまり弦の比が常に2対1になっていることを突き止めたのです。さらに、2対1以外にも、4対3や3対2など、弦の長さの比が簡単な整数比になっていると、その音同士が美しいハーモニーを奏でることも発見しました。

「世界で2番目に賢い」と呼ばれた数学者

エラトステネス

生没年：紀元前275頃～前194頃／出身：ギリシャ

数学と天文学で大きな功績を残した古代ギリシャの学者です。古代ギリシャ最大の数学者で天文学者であるアルキメデスの親しい友人でもありました。

彼は**「エラトステネスのふるい」という素数を見つける方法を発明したことで有名**です。これは、人類最古のアルゴリズムと呼ばれています。エラトステネスのふるいとは、素数を残しながら、素数の倍数を順番に消していく方法です。まず、自然数を1から順番に書き出していき、最初に、最も小さい素数である2の倍数を消していきます。2は素数なので残します。次に、残った自然数の中から、2の次に小さい素数である3の倍数を消していきます。3は素数なので残します。同様に、5の倍数、7

の倍数、11の倍数といった具合に、次々に素数の倍数を消していくことで、最後に素数のみが残るというわけです。エラトステネスが発見したこの方法は単純であり、とても原始的に思えます。しかし、2000年以上経った今でもこれに勝る方法は見つかっていません。

現在、スーパーコンピューターを使って、新たな素数を発見する競争が世界各国で続けられていますが、エラトステネスのふるいは、素数を見つけ出すための最も高速なアルゴリズムとし、今でも使われているのです。「よく2000年も前に考えついたものだな」と感心してしまいます。

プラトンに勝てなかった天才

また、**エラトステネスのその他の重要な功績の1つに、地球の大きさを測定した**ということがあります。彼は、緯度・経度を用いて、距離を正確に表す地図の作成に関わっており、そのために地球の大きさを測定したと考えられています。その測定誤差は10％程度だったといい、精度の高さには驚かされます。また、エラトステネスの測定は、地球が丸いということや、太陽光が地球に向かって平行に降り注いでいるということを知っていないとできないことなので、この頃すでに人類は高度な知識を持っていたということがわかります。

ちなみに、エラトステネスの逸話で私が好きなものに、エラトステネスのあだ名が「ベータ」だったということがあります。エラトステネスは万能で、幅広い知識を持っていた反面、同じ時代を生きたプラトンには勝てなかったことから、プラトンが「アルファ」であるのに対し、「第二のプラトン＝世界で2番目に賢い人」という意味合いで、ベータと呼ばれたということです。

現代にも息づく「フェルマーの最終定理」

ピエール・ド・フェルマー

生没年：1601〜1665／出身：フランス

フェルマーは南フランスのトゥールーズという町の議会で生涯、行政官として働いていた役人です。数学はあくまでも趣味で研究していたそうです。「フェルマーの最終定理」で有名なので、名前を知っている人も多いことでしょう。彼は、愛読書の『算術』という数学書の余白に、浮かんだアイデアや問題を多く書き残していました。**フェルマーが書き残した問題は後世、さまざまな数学者たちによって解かれていきましたが、最後に残った超難問が、フェルマーの最終定理だった**というわけです。フェルマーは、フェルマーの最終定理とともに、「私はこの命題に真のおどろくべき証明をもっているが、余白が狭すぎてここに記すことはできない」という意味深な言葉を書き添えていました。この超難問は、その後、３５０年近くにわたり多くの数学者たちを悩ませ続けることとなりました。そして、遂に１９９４年、イギリスの数学者アンドリュー・ワイルズが証明に成功したのです。ちなみに、ワイルズは、代数幾何学の中の「楕円曲線」という、**フェルマーの生きた時代にはなかった新たな理論を使ってフェルマーの最終定理を証明していることから、フェルマーが書き残した「私はこの命題に真のおどろくべき証明をもっている」という言葉は、多分ウソだろう**と思っています。

ＩＴ社会を支える「フェルマーの小定理」

また、143ページで紹介したように、「フェルマーの小定理」はＲＳＡ暗号のもとともなっています。フェルマーの小定理とは「ｐが素数で、ａがｐの倍数でないとき、a^{p-1}から1を引いた数は、ｐで割り切れる」というものです。わかりづらいので、具体的な例を挙げて説明しましょう。たとえば、p＝5のときを考えます。ａが1、2、3、4のとき、$a^{p-1}-1$を計算してみます。$1^4-1=0$、$2^4-1=15$、$3^4-1=80$、$4^4-1=255$なので、すべて5で割り切れることが確認できます。ＲＳＡ暗号ではこの性質を巧みに利用しているのです。

フェルマーの大定理は今のところ、私たちの生活に特に役立てられていませんが、フェルマーの小定理は、ＩＴ社会の根幹を支えている極めて重要な定理であるという点で、私はむしろフェルマーの小定理のほうを推したいですね。小定理は高校生でも証明可能なシンプルな定理なので、ぜひ覚えておいてほしいと思います。

江戸時代の「数学ブーム」をけん引した和算家

関孝和

生没年：1640頃～1708／出身：日本

日本は明治5年（1872年）に、学校教育に西洋の数学が本格的に導入されたことをきっかけに、すべて西洋の数学に置き換わってしまいました。しかし、それまでの日本では、飛鳥時代から奈良時代にかけて、中国から数学が輸入され、日本で独自に発展した「和算」と呼ばれる数学が存在していました。和算は特に江戸時代に大きく花開き、その時代の数学者は「和算家」と呼ばれました。**和算家の中でも、特に和算を高等数学へと大きく押し上げた人物が関孝和**です。

関孝和は、中国の朱世傑が1299年に刊行した『算学啓蒙』を読んで、そこに記述されていた「天元術」を理解したそうです。天元術とは、算木と算盤という計算用具を使って高次方程式を解く方法です。そして、関孝和は、天元術を革新した新たな高次方程式の解法を確立しました。

関孝和は、行列式やベルヌーイ数、二項定理なども独自に発見しています。驚くべきことに、ベルヌーイ数はその名を冠するスイスの数学者ヤコブ・ベルヌーイ（１６５４〜１７０５）よりも早く発見していたことがわかっています。これらは、関孝和が１７１２年に刊行した『括要算法（かつようさんぽう）』に残されています。

また、関孝和の有名な業績の１つに、円周率πの近似値の計算があります。彼は、１６６３年に和算家の村松茂清（１６０８〜１６９５）が刊行した『算俎（さんそ）』の方式にならって、**１６８１年、円に内接する正１３１０７２角形を使って、円周率πの値を小数点以下11桁まで算出していたと言われています。**関孝和は円周率の近似値を求めるための公式を発見することはできませんでしたが、その後関孝和の弟子の建部賢弘（たけべたかひろ）が、日本で初めて、円周率の近似値を求める公式を完成させています。このように、和算は西洋の数学に負けないくらい高等数学へと発展を続けていたということを、ぜひ知っておいてほしいと思います。

「つるかめ算」は和算の定番

今では和算と言われてもピンとこないかもしれませんが、和算は明治時代に入り西洋の数学が主流になる前までは、江戸庶民にとっても、日常生活に密着した身近な学問でした。「つるかめ算」などは和算の定番です。鶴と亀が登場するのは江戸末期のことですが、和算家の今村知商（ちしょう）の著書『因帰算歌（いんきさんか）』（寛永17年／１６４０年刊行）の中では、キジとウサギが登場しています。次のような問題です。「キジとウサギが合わせて50羽いる。足の本数は合わせて１２２本だ。キジとウサギはそれぞれ何羽ずついるか」。答えは、キジ39羽、ウサギ11羽です。羽数の合計50にウサギ１羽の足の本数４をかけると２００になりますよね。ここから、合わせた足の数を引くと200－122＝78となります。キジとウサギの足の本数の差は2なので、78を2で割るとキジの羽数になります。

つるかめ算以外にも、絹の反物を盗んできた盗人の数を当てる「絹盗人算（きぬぬすびとざん）」など小学生でも楽しめる問題が色々ありますので、調べてみると楽しいですよ。

万能の天才でも「投資」では大失敗

アイザック・ニュートン
生没年：1642〜1727／出身：イギリス

ニュートンは最も有名な科学者の一人ですが、数学者というよりも、物理学者だと思っている人のほうがずっと多いのではないでしょうか。リンゴの木から落ちるリンゴの実を見て「万有引力」を発見したという話は小学生でも知っていますよね。

彼は、1665年6月〜1667年1月までの1年半の間に、「ニュートンの三大発見」と呼ばれる発見をしています。その1つが万有引力の発見であり、残りの2つが**「光の理論の発見」**と**「微積分法の発見」**です。

実はこの期間、ロンドンではペストが大流行したことから、ニュートンが在籍していたケンブリッジ大学が閉鎖。ニュートンは、生まれ故郷のウールスソープに戻っていたのです。そのため、この故郷で過ごし、三大発見を果たしたこの1年半は「創造的休暇」と呼ばれています。

「人々の狂った行動は計算できない」

一方、**ニュートンに関する逸話として、私が紹介したいのは、投資で大失敗したという話**です。

当時、イギリスでは、株式市場が急速に発展し、多くの人が売買に興じていました。そのような中、発生したのが、「南海泡沫事件」でした。1720年にイギリス政府が売り出した南海会社の株式が高騰し、株式市場は狂乱したのです。「泡沫」とはバブルのことであり、まさに実体のないバブル期に突入したのです。

ニュートンもこのバブルに翻弄され、現在の価格で約4億円もの大損を被ったと言われています。彼は、**「私は天体の動きは計算できるが、人々の狂った行動は計算できない」**という言葉を残したと言われています。つまり、大数学者であっても、投資の才能があるとは限らないということです。

大誤算!!

決闘により早逝した若き天才

エヴァリスト・ガロア
生没年：1811〜1832／出身：フランス

ガロアは、20歳の若さで亡くなった夭折（ようせつ）の天才数学者です。

彼は、今では数学の授業で当たり前のように使っている「集合」という概念がまだなかった時代に、「群」と呼ばれる集合の概念を世界で初めて構築しました。この理論は「ガロア理論」と呼ばれています。

ガロア理論は大学3年生の頃に習うのですが、大学3年生と言えば、20〜21歳頃ですよね。**ガロアはこの理論を、今の大学3年生よりも若い10代の終わりの頃に確立したということで、そのことを知って私たち学生が落ち込むというのが、数学科あるあるの1つです**。中学の数学の授業では、二次方程式の「解の公式」を習いますが、ガロアは、ガロア理論をもとに、五次以上の方程式には「解の公式」が存在しないことを証明しました。

ガロアはもともと裕福な家庭のもとで生まれ、父親は村長、母親はパリ大学の教授の娘で、幼少期のガロアは母親からの教育を受けて育ちました。そして12歳のとき、パリの超名門校リセ・ルイ＝グランに入学しました。

そして、15歳のとき、ガロアのその後の人生を大きく左右する出合いがあったのです。それが数学でした。数学の授業で教科書として使われたフランスの数学者ルジャンドル（１７５２〜１８３３）の著書『幾何学原論』にのめりこみ、通常であれば２年間かけて勉強するところを、たった２日間で読破し、その内容を理解してしまったといいます。

ガロアは、16歳のとき、より高度な数学を学ぶため、超難関の理工系高等教育機関エコール・ポリテクニークを受験しました。しかし、残念ながら不合格だったことから、リセに戻り、飛び級で数学の特別クラスに進みました。そこで、カール・フリードリヒ・ガウスなど当時、数学界をリードしていた数学者たちの研究を学び、自分でも論文を執筆するようになっていたのです。それが、現在のガロア理論の原型でした。

ガロアの論文は、リセの数学教師を通じて、科学アカデミーの審査員の一人である数学者オーギュスタン・コーシー（1789～1857）に渡されました。ところが、理由は諸説ありますが、コーシーから科学アカデミーに渡されることはなかったのです。

一方で、ガロアが生きた時代のフランスは、7月革命の只中でした。このような中、1829年にはガロアの父親が政治的な陰謀に巻き込まれて自殺してしまいました。ガロアは、深い悲しみの中、エコール・ポリテクニークへの再受験をしましたが、またしても不合格。仕方なく、別の高等教育機関エコール・ノルマルに入学するのですが、学校生活に馴染めずにいました。それでますます、数学沼にどっぷりハマるようになっていったのです。

そして、以前コーシーに渡したことで行方知れずとなってしまった論文を書き直し、再度科学アカデミーへの提出を試みました。ところが、またしても悲運が起こります。今度は論文を預けた審査員の数学者ジョゼフ・フーリエ（1768～1830）が急逝してしまい、論文は科学アカデミーに提出されることなく、紛失してしまったのです。

決闘前に書き残した手紙

このような中、心がすさんでいったガロアは7月革命に参加するなど徐々に政治活動に傾倒していきました。それによりガロアはエコール・ノルマルを退学させられ、さらに、投獄されてしまいました。

そして、仮出所して2カ月後の**1832年5月30日、1人の女性をめぐる決闘により、20歳という若さで命を落としてしまった**のです。決闘前夜、死を覚悟したガロアは、友人に、「僕にはもう時間がない」という言葉とともに、それまでの数学に関する研究成果をつづった長い手紙を送りました。その手紙などをもとにガロアの死後、50年の歳月を経てようやく、ガロア理論は大きな発展を遂げたのです。もし彼が20歳の若さで亡くなっていなければ、ガロア理論はもっと早くに確立していたでしょうし、この何倍もの新たな理論を構築していたかもしれません。私はガロアの不遇の生涯を本当に残念に思います。

「驚異のひらめき」連発のインド人数学者

シュリニヴァーサ・ラマヌジャン
生没年：1887〜1920／出身：インド

ラマヌジャンはほぼ独学で数学の研究を深めていったインド人の天才数学者です。

南インドのクンバコナムという町で生まれ育った彼は、子ども時代、とても成績が優秀でした。そして、15歳のとき、イギリスの数学者ジョージ・カー（1837〜1914）による書『純粋・応用数学基礎要覧』と運命的な出合いを果たします。これは学生向けにまとめられた数学の公式集で、約6000もの定理や公式がほぼ証明なしに並べられたものでした。ラマヌジャンはこの本にのめり込んでいったのです。掲載されている定理や公式を自力で解いていき、さらに自分でも新たな定理や公式を次々と発見するようになっていきました。そしてそれをノートに書きとめていきました。

しかし、記されているのは定理や公式の結果のみで、証明は一切書かれていませんでした。ノートに書かれていた定理や公式には、すでに知られているものもありましたが、ラマヌジャンが独自に発見したまったく新しいものも数多く含まれていまして、その数は実に３２５４個に及びました。

彼がこれらの定理や公式をどのようにして発見したかはいまだに大きな謎ですが、彼自身は生前、「すべて毎日お祈りしているナーマギリ女神のおつげだ」と語っていたそうです。このラマヌジャンの天才的なエピソードのせいか、よく数学者は神のお告げのように、新たな定理や公式を発見していると思われがちですが、実際は、突然のひらめきによるものではなく、何年にもわたる地味で堅実な研究によって導き出されていることがほとんどです。実際、ラマヌジャン自身も膨大な量の計算や熟考を通して導き出していったと考えられます。

そしてある日、ラマヌジャンは、研究成果を見てもらうため、イギリスの２人の数学者に手紙を書きました。しかし、自国の植民地だったインドの無名な人物からの手紙は読まれることはありませんでした。

それでも諦めることができなかったラマヌジャンは、１９１３年に、少し前に読んでいた論文の著者に対して、自分が発見した定理や公式のうち、52個を書き連ねた手紙を送りました。その受け取り手は、ケンブリッジ大学教授のゴッドフレイ・ハロルド・ハーディ（1877〜1947）でした。ハーディは当時、35歳の若き講師でありながら、すでに数学界では名の知られた人物でした。ハーディはラマヌジャンの類いまれなる才能を見抜き、1914年に彼をケンブリッジ大学トリニティカレッジに呼び寄せ、前代未聞の共同研究を開始したのです。

ラマヌジャンとハーディとの共同研究における大きな成果としては、「分割数」などが挙げられます。分割数とは、自然数をいくつかの和として表す方法の個数のことです。たとえば、「4」という自然数は4、3+1、2+2、2+1+1、1+1+1+1というように、5通りで表すことができます。したがって、分割数は5となります。問題としては、小学生でも理解できるシンプルなものですが、自然数の値が大きくなるにしたがって、分割数の値は急速に増加していくため、任意の自然数に対して分割数を直接的に求める公式はなく、長年の課題だったのです。

それに対し、ラマヌジャンとハーディはこの難問に挑み、ついに任意の自然数に対して、分割数の近似値を高い精度で求めることができる公式を見出すことに成功したのです。

したがって、もし仮にハーディがラマヌジャンの才能に気づいていなかったとしたら、ラマヌジャンが数学の歴史に登場することは決してなかったことでしょう。ですから、ラマヌジャンをイギリスに招聘するというハーディの行動力に、私は心から拍手を送りたいです。しかし残念ながら、ラマヌジャンは菜食主義者であり、バラモン以外の者が料理したものは不浄のものとして一切口にしなかったことや、イギリスの風土が合わなかったことなどから病気になり、１９１９年にインドに帰国。そして回復することなく、翌年32歳の若さで帰らぬ人となってしまったのです。

タクシーで見つけた特別な数

そんなラマヌジャンの有名な逸話に、**「タクシー数」**があります。イギリスの診療所に入院していたラマヌジャンのもとをハーディが見舞いに訪れた際、ハーディが乗ってきたタクシーの番号のことを、「１７２９という実につまらない数だったよ」と言ったのに対し、ラマヌジャンは**「いえいえ、この数は3乗同士の和として2通りに**

書ける最小の数ですよ」と答えたというものです。実際、$1729 = 1^3 + 12^3 = 9^3 + 10^3$ということで、２通りに書くことができます。彼の天才っぷりをよく表したエピソードだと思います。

いずれにせよ、ラマヌジャンは数学の分野においては極めて特殊な存在であり、天才だったとしか言いようがありません。

「世界一の計算力」を持つ万能人

ジョン・フォン・ノイマン
生没年：1903〜1957／出身：ハンガリー

天才としての逸話を数多くもつ、20世紀を代表する万能の天才です。数学に加え、計算機科学や量子力学、経済学、気象学など実に幅広い分野に影響を与えました。特に、経済学では、1928年に「ゲーム理論」を提唱したことで知られています。

ゲーム理論とは、社会やビジネスを担っている人物をゲームプレイヤーに見立て、互いに与える影響を考慮しながら意思決定を行うための理論です。たとえば、ポーカーやオセロ、チェス、囲碁、将棋などは、一方の利益が他方の損失となるゲームですよね。このようなゲームを「ゼロサムゲーム」と呼びます。ノイマンはこのようなゼロサムゲームにおいては、プレイヤーが利益を最大化して、損失を最小化しようとするとき、ゲームの解が存在することを証明しました。これを「ミニマックス定理」と言います。このミニマックス定理により、ノイマンは数学の世界に新たにゲーム理論という分野を打ち立てたのです。

１９４４年には、ドイツ生まれの経済学者であるオスカー・モルゲンシュテルン（１９０２～１９７７）との共同研究によってまとめたゲーム理論に関する著書『ゲーム理論と経済行動』を出版。それにより、ゲーム理論は企業の経営戦略や国の軍事戦略などに活用されるようになっていったのです。

コンピューターより計算が速いのは……？

また、ノイマンと言えば、一般的に最も有名なのが、**現在のコンピューターの原型となるノイマン型コンピューターを開発した**ことでしょう。そのため、「コンピューターの生みの親」とされています。また、彼はコンピューターをつくったとき、「世界で2番目に高速に計算できるものが誕生した」と言ったそうです。では、一番計算が速いのは誰か？　このオチ、わかりますよね。もちろんノイマン自身だというわけです。実際、**当時の彼に計算力で勝てるものはいなかった**と言われています。

彼の逸話の1つに、クルト・ゲーデル（1906〜1978）という「不完全性定理」を提唱したチェコの数学者が完成させた「第一不完全性定理」をノイマンに見せたところ、それを読んだノイマンが、自ら「第二不完全性定理」を導き出したというものがあります。とはいえ、ゲーデルも独自に第二不完全性定理に行き着いており、ノイマンよりも先に発表していたことから、現在では、ゲーデルが確立した定理として認知されています。

ちなみに、ノイマンは第二次世界大戦中、ナチスの迫害を逃れるため、ゲーデルやアインシュタインなどのユダヤ系の科学者がアメリカにわたるのを手助けしています。しかし、1940年以降、ノイマンは第二次世界大戦に巻き込まれ、原子爆弾開発を推進するマンハッタン計画に参画することになりました。その際、高速に計算できる機械が求められ開発したのが、ノイマン型コンピューターだったのです。しかし、ノイマンは1955年、左肩の鎖骨にできた悪性腫瘍のため、体調を崩してしまいます。これは、マンハッタン計画や核実験現場の視察の際に浴びた放射線が原因ではないかと言われています。そして、1957年、彼は亡くなってしまうのです。

戦争を「暗号解読」で終結させた男

アラン・チューリング
生没年：１９１２〜１９５４／出身：イギリス

チューリングと言えば「チューリングテスト」や「チューリングマシン」が有名です。チューリングマシンとは、チェコの数学者クルト・ゲーデル（１９０６〜１９７８）が発明した「ゲーデル数」をもとに考え出した計算機械の概念です。今日のコンピューターの数学的なモデルとされています。チューリングマシンは、今私たちが使っているすべてのスマホやノートパソコンの土台となっています。そのため、**チューリングは、「計算機科学の父」と呼ばれています。**コンピューターの原型を作ったノイマンとは、同じアメリカのプリンストン大学に在籍していたことがあるため、２人には交流があったとされています。

チューリングはプリンストン大学修了後の1939年、イギリスに帰国し、**第二次世界大戦中、イギリス政府の暗号解読組織で、ドイツ軍の暗号通信「エニグマ」の解読業務を担当し、見事解読に成功しました。**それにより、イギリスが属する連合国側の情報機関がドイツの攻撃地点を予測できるようになり、数万人の命が救われました。その功績から、「チューリングの暗号解読により、戦争終結が3年早まった」とまで言われています。

映画『イミテーションゲーム』にはチューリングが暗号解読に至るまでの経緯が詳しく描かれているので、気になる人はぜひ見てみてください。

没後最も評価された数学者の一人

しかしながら、ガロア同様に、チューリングも不遇の天才でした。エニグマ解読の功績は、彼の死後から約20年近く国家機密とされただけでなく、1952年には同性愛の罪で逮捕され、大量の薬を投与されてしまいます。そして、1954年、チューリングは絶望の中、41歳の若さで亡くなってしまうのです。死因は青酸カリによる服毒自殺だと言われていますが、確かなことはわかっていません。私はチューリングの生涯に思いを馳せれば馳せるほど、かわいそうな数学者だったなとつくづく思いますし、もっと評価されるべきだった数学者だと思っています。

ただ、チューリングの功績は徐々に認められるようになり、２００９年にイギリス政府は過去の彼への不当な扱いを謝罪し、２０１３年にはエリザベス女王から恩赦が与えられました。そして**２０２１年から流通している新しい50ポンド紙幣にはチューリングの肖像が描かれています。**その肖像の下部には、彼が生前インタビューで述べた「これは来たるものの予感にすぎず、何

が起こるかの影だけだ」という言葉が印刷されています。この言葉は、将来のコンピューター技術の発展を予測したものだと言われています。

数多いる数学者の中でも、チューリングは没後に最も評価されるようになった人物の一人だといえるかもしれません。

「57は素数!?」――天才数学者の勘違い

アレクサンドル・グロタンディーク

生没年：1928～2014／出身：ドイツ

グロタンディークはユダヤ系の数学者で、144ページでも紹介しましたが、現在の「代数幾何学」を創始したと言っても過言ではない人物です。代数幾何学とは、代数多様体と呼ばれる図形を代数学や幾何学を用いて研究する現代数学の一分野です。これまであった代数幾何学に対して、「スキーム」などの概念を導入することで、代数幾何学を根本から変えることに成功しました。彼の代表的な論文に、『Tohoku』『EGA』『SGA』の3つがあり、「層とコホモロジー」「スキーム」「基本群」などについて記述しています。『Tohoku』は、1957年に日本の東北数学ジャーナルに掲載されたことが名前の由来です。

彼はフランス南部のモンペリエ大学やナンシー大学で数学を研究していたことから、著書はどれもすべてフランス語で書かれていました。代数幾何学を本格的に勉強しようと思ったら、約５０００ページもあるグロタンディークの著書を読まなければならなかったわけですが、彼自身の強い意向もあり、彼の著書は長年、英語訳が出版されませんでした。そのため、**代数幾何学を勉強するにはまずフランス語を勉強しなければならないという話がありました。**現在では、英語訳の著書も出版されていますが、日本語訳の著書はあまりないため、日本ではいまだに苦労している人が多いと聞きます。

晩年は数学から距離を置いた

また、グロタンディークの父親は14歳のときにアウシュヴィッツ収容所に送られたことなどから、グロタンディークには反戦という強い思いがありました。そのため、１９７０年頃、当時、所属していたフランス高等科学研究所が軍から資金援助を受けていることを知ると、彼は即座にフランス高等科学研究所を辞職。以来、数学から距離を置き、フランスの山奥で隠遁生活を送る道を選びました。道に生えているタンポポを採ってスープにして食べるなどすごく粗末な食事で命をつなぐ生活を続け、誰も彼に連絡を取ることはできなかったそうです。２０１４年に86歳で亡くなっています。

グロタンディークと言えば、彼も若い頃の逸話に、**「グロタンディーク素数」**があります。これは、**グロタンディークがある講義の中で、素数の例として、57という数を挙げた**というものです。57は素因数分解すると3×19なので、素数ではありませんよね。今や素数の研究において、代数幾何学は欠かすことができませんが、その代数幾何学を確立させたグロタンディークがこのような基本的な間違いをしたことから、語り継がれているというわけです。これは「サルも木から落ちる」といった意味合いではなく、数学者にとって、個々の数が素数かどうかは大した問題ではなく、数学者というものは、別に常日頃から具体的な数の計算をしているわけではないということを表しています。したがって、この逸話により、天才グロタンディークの威厳が揺らぐことは決してないのです。

「数学の奥深さ」に魅了されてきた

鶴崎修功
生年：1995〜／出身：日本

最後に、私と数学の歴史をお話しします。私は子どもの頃から数字や算数が大好きで、**幼稚園の頃には、自分では解けなかったものの、数独の答えをマス目に書き写す遊びにハマっていました。**お絵描きの代わりに、数字を書いて遊んでいたという感じだったと思います。私の父は生物学の研究者で、母は声楽をしていたのに、なぜ数学好きな子どもが生まれたのかについては謎ですが、実際、私自身は生物にはほとんど興味がありませんでした。

小学生の頃には「算数オリンピック」に出場しました。そこで出会ったのが、広中平祐先生とピーター・フランクルさんでした。広中先生は京都大学のご出身であり、京大は広中先生をはじめ、数学分野におけるノーベル賞と言われる「フィールズ賞」受賞者を日本で最も多く輩出している大学ですので、私も一時期は京大を目指していたのですが、高校生のときに参加した「数学オリンピック」の参加者の多くが東京大学に進学していたことから、気づけば、東大を目指すようになっていました。

広中先生の専門分野はグロタンディークが確立した代数幾何学ですが、もちろん東大にも代数幾何学で著名な先生は多く、私が授業でお世話になった川又雄二郎先生などがいらっしゃいます。また、代数幾何学以外でも、「作用素環論」という理論の研究で著名な河東泰之（かわひがしやすゆき）先生がいらっしゃいます。ちなみに河東泰之先生は河東碧梧桐（へきごとう）という俳人の親族だそうです。

東大には、私よりも数学が得意な人は大勢いるだろうと思っていたので、もしも心が折れたら、数学を専攻するのは諦めようと思っていたのですが、運が良く心が折れることはなかったため、数学を専攻し現在に至っています。

数学は大きく「代数」「幾何」「解析」に分かれますが、私の場合、中でも代数が好きだったので、専門分野として、代数学の一分野である「表現論」を選びました。現在は「リー代数の表現論」というものを研究しています。

また、コンピュータープログラムやアルゴリズムを考えるのも好きですね。リー代数の表現論は基礎研究なので、直接実社会に結びつくものではありませんが、プログラミングに関しては、社会に役立つソフトウェアを作るなど、実社会と直結しているので、自分自身は基礎研究にも応用研究にも興味があるという感じです。クイズ番組に出演するうえでは、幅広い分野を広く浅く勉強する必要があり、それはそれで楽しいですが、やはり私は数学の奥深さに一番魅了されてしまいますね。

思いっきり「沼」にハマってほしい

そして最後に一言、伝えておきたいのは、**もっと自分の「好き」という気持ちを大切にしてもいいんじゃないか**ということです。

先ほど、数学オリンピックに出場していた話をしましたが、実は私は挑戦した3回とも地方予選を突破できずに敗退しています。世界大会の前の、日本予選にも進むことができませんでした。

大学の博士課程を修了した今、そのときのことを振り返って思うのは自分の好きな道であれば、別に一番得意じゃなくても、やっていけるのだなということです。もちろん、数学オリンピックで活躍し、数学者になる人もいますが、数学者の中には私も含め、ほとんど結果を残していない人もたくさんいます。

なので、みなさんも**興味があったり、好きなことなのであれば、周りを気にせず思いっきり沼にハマってみてほしい**と思います。

合、冒頭のように、それぞれの数の約数を列挙して、その中から共通する約数の中で最大のものを見つけ出すという方法以外に、数学の授業では、素因数分解を使って見つけ出す方法を習います。それは、それぞれの数を素因数分解し、共通する素数をすべてかけ算することで求めるというものです。

たとえば、108と56の最大公約数を求める場合、まず、108と56をそれぞれ素因数分解します。「$108=2^2\times3^3$」「$56=2^3\times7$」なので、共通するのは「$2^2=4$」です。したがって、4が最大公約数となります。

しかし、この場合、大きな数を素因数分解するのは大変だったり、非常に難しかったりします。それよりも**ユークリッドの互除法を使い、割り算によって求めていくほうが圧倒的に計算量が少ないうえ、より簡単に最大公約数を見つけることができる**のです。ぜひこの方法を覚えておいてくださいね。

最大公約数を求めよ」と言われたとき、通常であれば、それぞれの約数を求めて最大公約数を割り出しますよね。それに対し、ユークリッドの互除法では、まず、大きなほうの数を小さなほうの数で割って余りを求めます。「24÷18＝1余り6」となり、除数の18を余りの6で割ると「18÷6＝3」で余りがなくなるので、このときの6が、最大公約数になります。

この例は数が小さく、簡単に求めることができたので、もう少し大きな数でやってみることにしましょう。

たとえば、141と252の最大公約数を、ユークリッドの互除法を使って求めると次のようになります。

①252÷141＝1余り111←大きな数を小さな数で割る
②141÷111＝1余り30←①の除数を①の余りで割る
③111÷30＝3余り21←②の除数を②の余りで割る
④30÷21＝1余り9←③の除数を③の余りで割る
⑤21÷9＝2余り3←④の除数を④の余りで割る
⑥9÷3＝3←⑤の除数を⑤の余りで割る
⑦余りがなくなったときの除数である3が最大公約数

このように、単純な割り算の繰り返しで、簡単に最大公約数を求めることができます。

ユークリッドの互除法を使わずに最大公約数を求める場

人類最古のアルゴリズム「ユークリッドの互除法」

次に、最大公約数の簡単な求め方を紹介しましょう。私がおすすめなのは、**「ユークリッドの互除法」**と呼ばれるもので、**古代ギリシャの有名な数学者ユークリッド（紀元前3世紀）が編み出したと言われている方法です。**「エラトステネスのふるい」と同様に「人類最古のアルゴリズム」と言われることもあります。

ユークリッドの互除法とは、「aとbという2つの自然数があり、a＞bのとき、割り切れるまで余りでお互いを割り算していく」ことにより、最大公約数を求めるという方法です。

つまり、次のような手順を踏んでいくのです。

（1）2つの自然数のうち、大きな数（被除数）を小さな数（除数）で割る。
（2）（1）の除数を、（1）で割った余りで割る。
（3）（2）を余りが0になるまで繰り返す。余りが0のときの除数が最大公約数である。

具体例をあげて見ていきましょう。たとえば、「24と18の

場合、元の数も3で割り切れる。すなわち3を約数にもつ」ということが言えるのです。たとえば、9744の場合、それぞれの位の数をすべて足し合わせた数は「9＋7＋4＋4＝24」です。24は3で割り切れるので、3は9744の約数となります。

その理由を説明しましょう。

まず、「9744＝9×1000＋7×100＋4×10＋4」ですよね。ここで、「1000＝999＋1、100＝99＋1、10＝9＋1」と分解します。999と99と9はどれも3で割り切ることができる3の倍数です。

そこで、

$$\begin{aligned} 9744 &= 9\times(999+1)+7\times(99+1)+4\times(9+1)+4 \\ &= (9\times999+7\times99+4\times9)+(9+7+4+4) \end{aligned}$$

と変形します。すると、「9×999＋7×99＋4×9」の部分は3の倍数ですから、「9＋7＋4＋4」が3の倍数であるかどうかを調べればいいというわけです。つまり、それぞれの位の数をすべて足し合わせた数を調べれば、3を約数にもつかどうかがわかるということです。これは当然ですが、どんなに大きな自然数であってももちろん成り立ちます。

最大公約数の簡単な見つけ方

3の約数かどうかを簡単に調べる方法

複数個の自然数があったとき、それぞれの約数のうち、共通の約数のことを「公約数」といいます。その中で、最大の公約数が「最大公約数」です。

たとえば、18の約数は「1、2、3、6、9、18」で、24の約数は「1、2、3、4、6、8、12、24」ですよね。したがって、18と24の公約数は「1、2、3、6」の4個であり、最大公約数は6となります。

そこで、まずは、約数をすばやく見つける方法を紹介しましょう。2を約数にもつ自然数は偶数なので、下一桁の数は0か2か4か6か8になりますよね。次に、5を約数にもつ自然数の下一桁の数は、0か5になります。

では、ある自然数が3を約数にもつかどうかを見分ける方法はご存じでしょうか。これは、それぞれの位の数をすべて足し合わせたときに、その数が3で割り切れるかどうかによって判断することができます。**「足した数が3で割り切れる**

なく、数学教育という観点から考えるべき話だと私は思っています。

そのため、私自身は、このような数学教育を否定するつもりはありませんが、**テストのときに、「4×6」ではなく、「6×4」と書いた児童の答えを×にするのは、児童の算数や数学に対する興味を損ねたり、数学嫌いを引き起こしたりする要因になりかねない**ので、それなりの配慮も必要かなと思っています。

ちなみに私は、中学と高校の数学の教員免許をもっていて、母校の高校に教育実習に行った経験があります。しかし、残念ながら、数学が得意だからといって、数学を教えるのも得意であるとは限らないということを実感しました。数学教育の現場では、たしかに、いかにより多くの生徒や学生に数学を理解してもらうかは、非常に重要なことであり、数学自体を研究することとは異なる難しさがあると感じました。大数学者がすばらしい数学の教育者とは限らないということは、歴史をみても明らかです。これは、数学に限らず、スポーツなども含め、あらゆる分野において言えることでもあります。

か。

私も小学2年生のときに、このことに関するちょっと苦い思い出があります。算数の授業で、「タイヤが4個ついたトラックが6台あります。タイヤの数は全部でいくつですか？」という問題で、「4×6」なのか「6×4」なのかが大きな議論になったのです。最終的にクラスの中で、「6×4」派は私一人になってしまったのですが、正解は「4×6」ということでした。「4×6」であれば、「1台についているタイヤの数は4個で、それが6台ある」という意味になるけれど、「6×4」だと、「1台についているタイヤの数は6個で、それが4台ある」という意味になってしまうので、間違いだというのです。

実はこの議論は、もはや数学の領域ではなく、数学教育の領域の問題です。かけ算についてよく言われるのは、「式の立て方がわからない」という児童に対して、「まず、トラック1台にタイヤは何個ついていますか？　その数を最初に書きなさい。次に、トラックは何台ありますか？　その数を、最初の数の後ろに書きなさい」と指導するのです。それにより、全員にその一通りの考え方を徹底させ、定着させることで、迷う児童の数を減らそうというわけです。つまり、**かけ算の順番に関する議論には、「どうすれば、より多くの児童に理解してもらえるか」といった教育に関する問題意識があるわけ**です。ですから、これは、数学者が口を挟む問題では

$$= (-6) + 15$$

$$24 \div 4 = 24 \times \frac{1}{4}$$

$$= \frac{1}{4} \times 24$$

とするのです。

一方、**足し算やかけ算の場合は、交換法則を積極的に利用するといいでしょう。**

たとえば、「25×13×4」を計算する場合、あなたならどうしますか？　私なら真っ先に、交換法則を利用します。「25×13×4」のかけ算の順番を、「25×4×13」と入れ替えれば、「25×4＝100」なので、「25×4×13＝1300」だということがすぐにわかります。このように、「25×4＝100」や「125×8＝1000」のようなパターンをたくさん覚えておくと、結構役立ちますよ。

数学教育は難しい

一方で、小学校では、かけ算の順番が話題になっています。**「2×3と3×2は違う」といった議論**です。かけ算は交換法則が成り立つので、「2×3」も「3×2」も答えは同じであるにもかかわらず、どうして議論になっているのでしょう

計算の順番を替えてラクに

かけ算の交換法則を利用する

前項でも紹介しましたが、計算の仕方は必ずしも一通りではないので、工夫するといいでしょう。暇なときにどんな工夫の仕方があるかを考えてみるのも楽しいです。

たとえば、四則演算のうち、足し算やかけ算の場合、数の順番を入れ替えても答えが同じになる「交換法則」が成り立ちますが、引き算と割り算は交換法則が成り立ちません。「15－6」を「6－15」にしたり、「24÷4」を「4÷24」にしたりすることはできませんよね。

そのため、計算の際、数の順番は非常に大切です。ただし、「15－6」の6を－6としたり、「24÷4」の4を$\frac{1}{4}$という分数に置き換えることで、足し算やかけ算に変換して、成立させることは可能です。つまり、

$$15-6=15+(-6)$$

す。たとえば、**ある数を5で割る場合、ある数を2倍して10で割る、**などです。

現在、消費税は10%ですが、消費税が5%の時代、私は消費税の計算に、ある数を2で割って、さらに10で割って出していました。些細な話だと思うかもしれませんが、いきなり5をかけて100で割るよりも、段階を踏んで計算したほうが計算のハードルが下がる場合は少なくありません。

また、消費税8%の時代には、基本的には元の金額に8をかけて、100で割るわけですが、8をかけるのは面倒ですよね。このとき、元の金額が25の倍数であれば、次のような計算方法が考えられます。元の金額を25で割って、2倍するのです。25で割るということは、0.04（=4%）をかけるということですから、さらに2倍することで、0.08をかけることになるというわけです。たとえば、元の金額が125円だとして、8%の消費税を計算する場合を考えてみましょう。まず125を25で割ります。すると、125÷25=5ですから、5を2倍した10円が答えになります。したがって、8%の消費税を含めた合計金額は135円となります。

このように、2、5、25といった計算しやすい単位（基準とする値）に変換して計算すると、計算が早く楽にできるようになるので、おすすめです。

$$
\begin{aligned}
18\times21 &= (20-2)(20+2)-18 \quad \leftarrow \text{(4) の公式を利用} \\
&= 20^2-2^2-18 \\
&= 400-4-18 \\
&= 378
\end{aligned}
$$

このように、2つの数のかけ算の際には、まずは2つの数の真ん中の数を考えてみるとよいでしょう。それが20や30になれば超ラッキー！　ですが、少しずれたとしても、18×21のように、工夫次第でなんとか道は拓けたりするものです。

また、たとえば、**「13×55」の場合、55を「50＋5」と分けて考えるのも因数分解を使ったテクニックの1つです。**

$$
\begin{aligned}
13\times55 &= 13\times(50+5) \\
&= 13\times50+13\times5 \\
&= 715
\end{aligned}
$$

「13×55」を暗算するのはなかなか難しいですが、「13×50＋13×5」であれば暗算で答えることができると思います。

計算しやすい単位に変換しよう

因数分解以外にも、さまざまな計算テクニックがありま

$$=396$$

というわけです。

また、公式（2）や（3）を利用すれば、たとえば、「105^2」や、「95^2」を以下のように簡単に計算できます。

$105^2=(100+5)^2$ ←（2）の公式を利用

$$=100^2+2\times100\times5+5^2$$
$$=10000+1000+25$$
$$=11025$$

$95^2=(100-5)^2$ ←（3）の公式を利用

$$=100^2-2\times100\times5+5^2$$
$$=10000-1000+25$$
$$=9025$$

このように、因数分解を覚えていると、計算が楽にできるので、私は大好きでよく使います。使わなくてもいいときでも、わざわざ「因数分解を使って計算するとどうなるかな」などと考えて、無理矢理使ったりします。

たとえば、**「18×21」の計算の場合、「18×22－18」という風に変形すると、計算がしやすくなります。**

(2) $x^2+2xy+y^2=(x+y)^2$

(3) $x^2-2xy+y^2=(x-y)^2$

(4) $x^2-y^2=(x+y)(x-y)$

冒頭の3つの計算問題は、この公式のうちのいずれも(4)を利用しています。まず、99＝100－1、101＝100＋1を前提とすると、以下のように計算できます。

$99\times101=(100-1)(100+1)$ ← (4) の公式を利用

$=100^2-1^2$

$=10000-1$

$=9999$

同様に、

$49\times51=(50-1)(50+1)$

$=50^2-1^2$

$=2500-1$

$=2499$

$18\times22=(20-2)(20+2)$

$=20^2-2^2$

$=400-4$

因数分解を使ったテクニック

因数分解を使うと計算が楽になる

ここでは、私の好きな**「因数分解」を使った計算テクニック**を伝授しましょう。

突然ですが問題です。99×101はいくつでしょうか。答えは9999です。

では、49×51はいくつでしょうか。答えは2499です。

最後の問題です。18×22はいくつでしょうか。答えは396となります。

これらの問題は、すべて紙と鉛筆を使わずに簡単に計算することができます。理由は、因数分解を利用しているからです。

因数分解とは、足し算やかけ算が混ざっている式をかっこでまとめてかけ算の式に変形することです。数学の授業で習う因数分解の公式に以下の4つがあります。

$$(1)\quad x^2+(a+b)x+ab=(x+a)(x+b)$$

指数関数と表裏一体の「対数関数」

一方、指数関数と表裏一体の関係にある関数が「対数関数」です。logという記号で表し、「ログ」と読みます。たとえば、「$\log_{10}2$」とは「10を何乗すると2になりますか」という意味です。

対数関数の値は「対数表」を使って調べることができます。また、インターネット上には、対数関数の値を簡単に算出してくれるソフトウェアもありますので、活用するといいでしょう。とはいえ、主要な対数の値は覚えておくと便利です。私は、$\log_{10}2=0.3010$は「オッサンオトウフ」、$\log_{10}3=0.4771$は「オレハシナナイ」と覚えています。

たとえば、**新型コロナの感染者数の予測には、指数・対数が使われています。**仮に、前日の感染者数が100人で、翌日110人になったとしたら1.1倍です。この状況が続くとしたら、さらに翌日には、$1.1^2=1.21$倍の121人に、さらに翌日には$1.1^3=1.331$倍の約133人になっていることが予想されます。

このことから、逆に、「感染者が200人になるのは何日後か」も、対数関数を使って計算すれば簡単にわかります。「1.1を何乗すれば2になるか」を計算すればよいわけです。「$\log_{1.1}2\fallingdotseq7.27$」なので、約1週間後ということになります。

覚えておくと便利な累乗の数は2乗以外にもあります。

$2^3=8$　　$2^4=16$　　$2^5=32$
$2^6=64$　　$2^7=128$　　$2^8=256$
$2^9=512$　　$2^{10}=1024$

上記のような2の累乗は、コンピューターのシステム開発やソフトウェア開発でよく使われる値なので、IT関連の仕事をしている人の中には、覚えている人も多いことでしょう。

ところで、1キロバイトは、1024バイトなのですが、それはなぜだかわかりますか？　コンピューターでは、2進法を使って表しますよね。1章で紹介した通り、キロはSI接頭辞では「1000」という意味です。そこで、**1000に最も近い2の累乗が、「$2^{10}=1024$」ということから、1キロバイトは1024バイトとされている**のです。

同様に、SI接頭辞の関係は以下のようになります。

1メガバイト＝1024キロバイト＝1024^2バイト
1ギガバイト＝1024メガバイト＝1024^3バイト
1テラバイト＝1024ギガバイト＝1024^4バイト

では、11以降はどうでしょう。

$11^2=121$　$12^2=144$
$13^2=169$　$14^2=196$
$15^2=225$　$16^2=256$
$17^2=289$　$18^2=324$
$19^2=361$

それぞれ上記のようになります。

2乗の値は、計算の過程で非常によく出てくるので、この辺りまでは覚えておいて、絶対に損はないと思います。テストでの計算ミスを避けたり、どこで計算ミスをしていたのかをいち早く発見する際にも役立ちます。

たとえば、**「16×17は？」と言われたとき、2乗の数を覚えておけば、16^2である256よりも大きく、17^2である289よりも小さい値になることがわかります。**それが、たとえば、300を超える値になっていたとしたら、すぐに計算ミスだと気づけます。

同様に「$31^2=961$、$32^2=1024$」ですから、「2乗すると初めて1000を超えるのが32だ」ということを覚えておくのもおすすめです。たとえば、28×29が1000を超えた値になっていたら、それは明らかに計算ミスですよね。

「よく出てくる計算」の答えを覚えてしまう

覚えておきたい累乗の値

最初に私が紹介したいのは、「2乗の値を覚えておこう」です。

2乗とは同じ数を2回かけ合わせることです。たとえば、「3の2乗」とは3×3=9のことで、3^2と表します。ちなみに、「3の3乗」とは3×3×3=27のことで、3^3と表します。このように、同じ数を何回もかけ合わせることを「累乗」と言います。また、累乗を扱う関数を「指数関数」と言います。

さて、1から10までの2乗の数は、九九を覚えていればすぐに出てくると思います。

$1^2=1$	$2^2=4$	$3^2=9$
$4^2=16$	$5^2=25$	$6^2=36$
$7^2=49$	$8^2=64$	$9^2=81$
$10^2=100$		

を使いこなすことができるようになることだと言えるでしょう。

便利な計算テクニックをご紹介！

一方で、私自身、ソロバンを習っている人のような高速なフラッシュ暗算などができるわけでは決してありませんが、子どもの頃から数は大好きでしたし、数学を専門としていない人よりは、計算する機会が多いことも事実です。

そのため、計算をすばやく行うためのテクニックをいくつか知っています。そこで、その中から**覚えておくと便利な計算テクニック**をご紹介しましょう。数学のテストの時などにも役立ちますよ。

高校、大学と進むにしたがって、むしろ、具体的な数を扱う機会はどんどん減っていきます。たとえば、自然数であれば、英語の「ナチュラルナンバー」の頭文字を取った「n」という記号を使って表し、nを使って計算します。したがって、仮に計算の中に、具体的な数が出てこようものなら、身構えてしまいますし、**10などの数を見ると、「いやー、大きな数だな！」などと思ってしまう**のです。

つまり、私がここで言いたいことは、「数学力」と「計算力」は違うものなので、計算があまり得意でなくても、数学に苦手意識をもつ必要はまったくないということです。むしろ、電卓やパソコン、スマホなどのデジタル機器が普及している現代社会において、計算はこれらデジタル機器に任せればよいという話です。

とはいえ、スーパーマーケットなどで買い物中、ちょっとした金額の計算にいちいちデジタル機器を持ち出すのも面倒ですよね。そのため、当然のことながら、九九などは覚えておく必要がありますが、大きな数の四則演算は得意じゃなくても大丈夫ということです。

たとえば、中学から高校にかけては、「方程式」や「微分積分」などを習いますよね。これらはすべて抽象的な概念です。数学力という点で求められることはむしろ、このような抽象的な概念に慣れて、これらを表すさまざまな数学の記号

計算なんて
できなくてもいい

計算力と数学力は違う

さて、少し趣を変えて、ここでは、「計算力なんて高くなくても大丈夫」というお話をしたいと思います。

私は東大の大学院で、数学の研究をしているので、よく人から、「数学者というのは、毎日計算をしているのですか？」と聞かれて、その度に返答に困ってしまいます。一般の人がイメージする「計算」と、数学者が行っている「計算」との間には大きなギャップがあるからです。

たとえば、一般の人の多くは、計算というと、「3+5=8」や「4×6=24」といった四則演算を思い浮かべるのではないでしょうか。しかし、数学者が計算するといった場合、四則演算を行うことを指すことはまずありません。もちろん、四則演算が得意な数学者もいるとは思いますが、数学者だからといって、四則演算が並外れて得意というわけでも、四則演算が得意だったから数学者になったわけでも決してないのです。

巻末付録

文系にも伝えたい「計算」の技術

文系でも思わずハマる
数学沼

2023年4月20日　第1刷発行
2023年11月9日　第2刷発行

著　者　鶴崎修功
発行者　鉄尾周一

発行所　株式会社マガジンハウス
〒104-8003
東京都中央区銀座3-13-10
書籍編集部　☎03-3545-7030
受注センター　☎049-275-1811

印刷・製本所　株式会社リーブルテック
ブックデザイン　小口翔平＋奈良岡菜摘（tobufune）
本文・図版デザイン　高橋明香（おかっぱ製作所）
イラストレーション　髙柳浩太郎
編集協力　山田久美
企画協力　オフコース

ISBN978-4-8387-3237-1 C0041